新时代水利监督
制度体系研究

张闻笛 贺骥 吴兆丹 于文豪◎著

河海大学出版社
·南京·

图书在版编目（CIP）数据

新时代水利监督.制度体系研究/张闻笛等著.——南京：河海大学出版社，2022.1
ISBN 978-7-5630-7450-1

Ⅰ.①新… Ⅱ.①张… Ⅲ.①水利工程—工程质量监督—研究 Ⅳ.①TV512

中国版本图书馆 CIP 数据核字（2022）第 022810 号

书　　名	新时代水利监督.制度体系研究 XIN SHIDAI SHUILI JIANDU. ZHIDU TIXI YANJIU
书　　号	ISBN 978-7-5630-7450-1
责任编辑	王　敏
责任校对	吴　淼
封面设计	徐娟娟
出版发行	河海大学出版社
地　　址	南京市西康路 1 号（邮编：210098）
网　　址	http://www.hhup.com
电　　话	（025）83737852（总编室）　（025）83736652（编辑室） （025）83722833（发行部）
经　　销	江苏省新华发行集团有限公司
排　　版	南京布克文化发展有限公司
印　　刷	江苏凤凰数码印务有限公司
开　　本	718 毫米×1000 毫米　1/16
印　　张	11
字　　数	192 千字
版　　次	2022 年 1 月第 1 版
印　　次	2022 年 1 月第 1 次印刷
定　　价	68.00 元

前言

党的十八大以来，国家监督体系日益完善，中央环保督察、国家土地督察发挥"利剑"作用，通过对重点领域、关键环节、责任主体的监督检查，对相关责任人进行问责追责，不断促进政风扭转、国家治理体系和治理能力现代化。行政监督工作作为政府行政管理中的重要一环，已经成为深化行政管理体制改革、推进行政管理制度创新的重要手段，对实现经济社会的高质量发展具有重要作用。2021年，党的十九届六中全会进一步强调要坚持全面依法治国，坚持全面从严治党，推进国家治理体系和治理能力现代化。

作为国家治理体系和治理能力的重要组成部分，近年来水利行业深入贯彻党的十九大和十九届二中、三中、四中、五中、六中全会精神，积极践行"十六字"治水思路，将强化水利行业监管作为深化水利改革发展的重点任务。2018年以来，水利部明确提出要将"水利工程补短板、水利行业强监管"作为新时代水利改革发展总基调，并且指出强监管是总基调的主旋律，未来水利行业要从法制、体制、机制入手，建立一整套务实高效管用的水利监管体系，推动实现"制度治水""制度管水"。按照总基调的要求，各级水利部门严格落实监督责任，大力加强监督能力建设，深入开展重点领域全覆盖的监督检查，发现并整改问题，提升风险预警识别能力，推动水利发展方式转变，取得了明显成效。

2020年，按照加快推进水利治理体系和治理能力现代化的要求，为了更好地对强监管工作提供制度支撑保障，水利部将新时代水利监督制度体系研究列为年度重点督办工作，提出要在现有监督检查制度的基础上，继续深入开展水利监督制度体系研究，积极总结借鉴其他领域监督制度体系构建的成熟经验，从制度的体系架构、制度的层级设置、具体制度设计及制度完善构想等方面进一步强化监督制度体系建设，提升监督制度的系统性和实用性，为推动水利监督立法提供良好基础。

本研究为系列专著《新时代水利监督》的一部分，针对水利各项监督工作进展进行了深入调研，全面分析了水利监督制度建设实施的现状，梳理了当前水利监督工作面临的新形势；对自然资源、生态环境、交通运输等领域的监督制度体系进行了剖析，总结了可供完善水利监督制度体系参考的经验；在此基础上，进一步提出了新时代水利监督制度体系框架，并细化了制度体系各组成部分的主要内容；最后对完善水利监督制度体系提出了相关政策建议。

本书相关研究工作得到了水利部监督司、水利部建设管理与质量安全中心、相关流域管理机构、地方水行政主管部门、中央财经大学、河海大学等多方的指导帮助，课题组在此由衷感谢！

目录
CONTENTS

第一章　绪论 …………………………………………………… 001
 一、研究背景与目的 ……………………………………… 003
  （一）研究背景 ………………………………………… 003
  （二）研究目的 ………………………………………… 004
 二、研究意义 ……………………………………………… 004
  （一）理论意义 ………………………………………… 004
  （二）实践意义 ………………………………………… 004
 三、已有研究进展 ………………………………………… 005
  （一）我国水利制度相关研究 ………………………… 005
  （二）我国水利监督相关研究 ………………………… 005
  （三）新时代水利发展相关研究 ……………………… 007
 四、研究内容 ……………………………………………… 008
 五、研究方法及技术路线 ………………………………… 009
  （一）研究方法 ………………………………………… 009
  （二）技术路线 ………………………………………… 009
 六、创新点 ………………………………………………… 010

第二章　新时代水利监督工作现状分析 ……………………… 011
 一、水利监督工作实施情况及取得的成效 ……………… 013
  （一）水利监督工作总体开展情况 …………………… 013
  （二）水利监督制度建设情况 ………………………… 015

  （三）水利监督工作取得的初步成效 …………………… 024
  （四）水利监督工作存在的主要问题 …………………… 025
 二、水利监督工作面临的新形势 ………………………………… 029
  （一）水利治理体系和治理能力现代化对水利监督工作提出了新要求 ……………………………………………………………… 029
  （二）推进水利改革发展总基调向纵深发展为水利监督工作明确了新任务 …………………………………………………………… 031

第三章　相关领域监督制度体系及制度制定实施的经验借鉴 …… 033
 一、自然资源监督制度体系及制度制定实施情况 ……………… 035
  （一）自然资源监督制度体系 …………………………… 035
  （二）自然资源监督制度制定情况 ……………………… 036
  （三）自然资源监督制度实施情况 ……………………… 039
 二、生态环境监督制度体系及制度制定实施情况 ……………… 041
  （一）生态环境监督制度体系 …………………………… 041
  （二）生态环境监督制度制定情况 ……………………… 042
  （三）生态环境监督制度实施情况 ……………………… 046
 三、交通运输监督制度体系及制度制定实施情况 ……………… 048
  （一）交通运输监督制度体系 …………………………… 048
  （二）交通运输监督制度制定情况 ……………………… 049
  （三）交通领域监督制度实施情况 ……………………… 051
 四、相关经验借鉴 ………………………………………………… 052
  （一）立法体系完备 ……………………………………… 052
  （二）制度框架合理 ……………………………………… 053
  （三）处罚措施全面 ……………………………………… 053
  （四）监管机构专门化 …………………………………… 054
  （五）监管格局全面化 …………………………………… 055
  （六）配套制度完善化 …………………………………… 055

第四章　水利监督制度体系建设需求分析 ………………………… 057
 一、水利监督制度体系的内涵 …………………………………… 059
  （一）水利监督制度体系的基本内涵 …………………… 059
  （二）水利监督制度体系的法治内涵 …………………… 059

二、水利监督制度体系建设的主要需求 ………………………… 061
　　　（一）体系建设的系统性 ………………………………… 062
　　　（二）体系建设的完整性 ………………………………… 064
　　　（三）体系建设的实用性 ………………………………… 065
　　　（四）体系建设的效力性 ………………………………… 066
第五章　新时代水利监督制度体系构建 ………………………… 067
　　一、指导思想、基本原则与基本思路 ………………………… 069
　　　（一）指导思想 …………………………………………… 069
　　　（二）基本原则 …………………………………………… 069
　　　（三）基本思路 …………………………………………… 070
　　　（四）构建路径 …………………………………………… 071
　　二、新时代水利监督制度体系框架 …………………………… 077
　　　（一）体系构想 …………………………………………… 077
　　　（二）以基础类制度为总领 ……………………………… 078
　　　（三）以综合类制度为日常监督 ………………………… 080
　　　（四）以专业类制度为重点突破 ………………………… 081
　　　（五）以程序类制度为载体 ……………………………… 082
　　三、新时代水利监督制度体系的主要内容 …………………… 083
　　　（一）基础类监督制度 …………………………………… 083
　　　（二）综合类监督制度 …………………………………… 090
　　　（三）专业类监督制度 …………………………………… 095
　　　（四）程序类监督制度 …………………………………… 107
第六章　政策建议 ………………………………………………… 109
　　一、加强政策法律建设，完善顶层制度体系 ………………… 111
　　　（一）加快水利法律法规的制定与修订 ………………… 111
　　　（二）抓紧制定水利监督工作指导意见 ………………… 113
　　　（三）推进既有规章及规范性文件的完善与升级 ……… 114
　　　（四）健全完善水利强监管"2+N"监督制度体系 …… 116
　　二、加强组织体系建设，完善中观制度体系 ………………… 117
　　　（一）完善水利监督机构职责，深化对监督工作的认识 … 117
　　　（二）明确分级管理监管体制，理顺监督机构协调关系 … 119

（三）发挥水利派出机构优势，明确派出机构职能定位 …… 121
　　（四）加强水利监督队伍建设，提高职业化技术化水平 …… 121
　　（五）充分发挥河长制湖长制对于强化水利监督的支撑作用
　　　　…………………………………………………………… 123
三、加强管理机制建设，完善微观制度体系 ………………… 124
　　（一）明晰综合监管与专业监管的关系，推动专项监督向常态监督
　　　　转变 ……………………………………………………… 124
　　（二）推动成立国家水利督察领导小组，发挥国家级水利督察制度
　　　　作用 ……………………………………………………… 125
　　（三）行业监督与社会监督相结合，发挥好社会监督机制作用
　　　　…………………………………………………………… 126
　　（四）加强水利监督信息平台建设，推广应用水利监督信息平台
　　　　…………………………………………………………… 126

参考文献 ……………………………………………………… 129
附件　水利部监督司已发布水利监督制度部分文件 ………… 135
　水利部关于印发水利监督规定（试行）和水利督查队伍管理办法（试行）
　　的通知 ………………………………………………………… 137
　水利部关于印发水利工程建设质量与安全生产监督检查办法（试行）和
　　水利工程合同监督检查办法（试行）两个办法的通知 ………… 148
　水利部关于印发水利部特定飞检工作规定（试行）等三个办法的通知
　　……………………………………………………………… 160

第一章 绪论

一、研究背景与目的

（一）研究背景

近年来，党和国家越来越重视政府法治和行政监督工作。2016年11月中共中央办公厅印发《关于在北京市、山西省、浙江省开展国家监察体制改革试点方案》，开启了国家监察体制改革的序幕。2016年12月全国人大常委会作出《关于在北京市、山西省、浙江省开展国家监察体制改革试点工作的决定》，为试点区监察体制改革提供了法治层面的保障。习近平总书记围绕做好监督检查工作发表了一系列重要论述，明确提出要强化制度执行，加强监督检查，做到"制度实、规则实、监督实"。2021年，党的十九届六中全会进一步强调要坚持全面依法治国，坚持全面从严治党，推进国家治理体系和治理能力现代化。

作为国家治理体系和治理能力的重要组成部分，近年来水利行业贯彻落实党的十八大、十九大精神，积极践行党中央、国务院治水管水决策部署，将强化水利行业监督作为深化水利改革发展的重点任务。2018年，水利部明确提出要将"水利工程补短板、水利行业强监管"作为新时代水利改革发展的工作总基调。2019年全国水利工作会议指出，强化水利监督是破解我国新老水问题，适应治水主要矛盾变化，践行"十六字"治水方针，推动行业健康发展的关键，未来水利行业要从法制、体制、机制入手，建立一整套务实高效管用的水利监管体系。2020年，全国水利工作会议进一步提出要从根本上扭转水利行业重工程项目轻法规制度、重建设轻管理的问题，要推动实现"制度治水""制度管水"，靠制度来规范践行水利改革发展总基调，推进水利治理体系和治理能力现代化。2021年全国水利工作会议明确要以"2+N"监管制度体系为基础，推进空白领域尽快制定水利监督检查办法和问题清单，对试行中的监管制度进行一致性核查修订，固化形成制度、部门规章和法律法规，划清水利各领域监管"红线"，使法规制度"长牙""带电"、有威慑力，推动强监管工作在法治轨道上不断前进。

目前水利部加快推进强监管，发挥监督实效，并自2019年以来出台了一系列水利监督制度，如《水利监督规定（试行）》《水利督查队伍管理办法（试行）》《水利部特定飞检工作规定（试行）》《水利行业监督考核评价办法（试行）》等。这些制度为水利监督工作开展提供了依据，但相对水利监督工作的复杂性而言仍存在诸多不足之处。总体看来，当前水利监督制度还存在体系设计不完备，制度层级划分尚需理论依据和理论支撑，部分重要领域和关键环节存在制度空白等诸多问题。为了确保水利强监管工作能长期、顺利、高效开展，提高水利监督能力和治理水平，当前有必要开展新时代水利监督制度体系研究，进一步完善我国水利监督制度，为新时期水利监督工作提供坚实的制度保障。

（二）研究目的

本研究旨在深入贯彻习近平总书记重要治水论述精神，准确把握"水利工程补短板、水利行业强监管"的水利改革发展工作总基调，深入调研我国水利监督工作进展及制度建设现状，明确水利监督工作面临的新形势，分析当前水利监督的制度需求，结合制度的层级设置、制度的体系架构、各项制度的分类和功能，构建涵盖水利各重点业务领域的新时代水利监督制度体系，使水利监督工作有法可依、有章可循，为新时期水利监督工作提供坚实的制度保障。

二、研究意义

（一）理论意义

本研究综合行政法理学、制度法学、水利行业管理等视角，分析水利监督制度体系的法治内涵，并从多方入手，构建了系统相对完备、适用且可行的新时代水利监督制度体系。研究成果在一定程度上弥补了已有研究内容不足，可为完善水利监督制度体系提供参考，为制度层级划分提供理论依据和支撑，丰富了水利行业制度体系领域研究，拓展了有关新时代、行业监督制度建设以及国家治理体系和治理能力现代化的相关研究。

（二）实践意义

本研究通过调研分析我国新时代水利监督工作现状，借鉴相关行业监督制度体系构建经验，分析我国水利监督制度体系建设的需求，继而构建新时代水利监督制度体系并提出政策建议。研究成果可为我国水利监督制度体系构建提供方向指引及内容依据，为进一步推进水利行业强监管，提高水利监督能力和治理水平，破解我国新老水问题提供参考。

三、已有研究进展

（一）我国水利制度相关研究

有关我国水利制度的研究有，Huang等结合相关实践工作经验，提出了水库移民后期配套政策制度实施效果的提升对策[1]；裴丽萍等提出将行政合同引入水资源利用与管理制度体系之中[2]；李海辰等总结了建立国家水资源督察制度的指导思想和总体路线，对国家水资源督察制度的总体架构和制定方案提出了初步设想[3]；孙海涛提出应总结国内外公众参与水资源管理的相关经验，建立公众参与的流域管理制度[4]；乔西现对黄河流域水资源统一管理调度制度进行了研究[5]；杜勇对水库移民安置问题的制度性根源与改革方向进行了探讨[6]；赵爱莉提出了农村水利工程建设与管理的制度框架及其实施路径[7]；李祎恒以江苏省南京市为例，对"小农水"产权制度相关立法进行对比分析[8]；吕忠梅提出应基于整体论明确长江流域立法的价值取向与立法原则，并以还原论指导具体的制度设计[9]；胡佳妮等梳理了我国农业水资源政策和制度的演进阶段，进而对我国农业水资源管理政策优化提出建议[10]；李雯等梳理分析了"一带一路"沿线代表性国家水资源管理体制，并为包括我国在内的代表性国家水资源管理体制改革提出建议[11]。

（二）我国水利监督相关研究

在2019年水利部提出"水利行业强监管"水利改革发展工作总基调之前，就有诸多研究关注水利监督问题。Zhang等强调了水利工程项目中风险管理与监督的重要性[12]。Jin等梳理了水利工程建设监督管理所存在的问题，并提出了相应的对策[13]。黄黎明等基于对国内外水利工程质量风险评价相关研究的梳理，构建了两阶段质量风险评价体系，并对质量监督管理提出相应对策建议[14]。金远征等综合分析了安全监督工作开展现状、目的及意义、流程和内容、效果，提出建设标准化、监督高效化的监督目标[15]。陈相龙就质量监督工作现状、存在的问题及质量监督工作的开展进行了探讨[16]。文丹进一步论述了现阶段小型水利工程质量监督工作现状，并对相关经验做法进行了总结[17]。王岩对水利工程质量监督管理过程中存在的问题以及策略进行分析和探讨[18]。钟巧文分析了小型水利工程质量监督现状，进一步对小型水利工程质量监督模式进行了科学合理的探究[19]。陈垚森结合华南地区G工程移民监督评估工作实践，对移民安置实施工作、移民生产生活水平恢复情况的监督评估工作进行系统分析，提出监督评估工作优化思路及流程[20]。韩绪博等综合分析了现行水利工程建设质量监督体制、监督机构设立情况，提出水利工程质量监督体制的完善路径[21]。邱信蛟分析了国家重大水利工程监督过程中面临的困难和挑战，借鉴相关行业先进经验，对如何完善监督工作机制进行了讨论[22]。

自水利部提出新时代水利发展总基调后，大量研究聚焦我国水利监督进行。Wang等建立了水利建设监督单位管理水平评价体系指标[23]。She等构建了基于LSTM的水利工程施工质量风险预警框架，为水利工程质量监督提供决策支持[24]。姜小青等对水利水电工程移民安置监督评估实践中存在的主要问题加以梳理并给予相应完善建议[25]。赵东阳分析了小型水利水保工程的质量监督与管理现存问题，并提出具体的完善策略[26]。王鹏从水利工程质量监督的多方面入手，探析了水利工程建设质量监督管理分析[27]。赵靖强调应加大对水利财务管理监督工作的研究力度，完善水利财务管理机制和监督机制内容[28]。王建英分析了水利工程安全运行中的主要问题，探讨水利工程安全运行监督管理的必要性，并对相关监督管理工作提出了建议[29]。雷俊荣、刘燕对"强监管"下的水利稽察监督体制机制进行了研究探讨，并就水利稽察监督体制机制创新提出针对性措施和建议[30]。廖良强等对新形势下基层水利工程质量监督工作中所存在的问题与对策进行了探讨[31]。钟少珍针对目前水利工程建设质量与安全监督工作中存在的主要问题，提出改革思路[32]。姚亮等针对开展水利强监管督查设备和信息平台建设提出建议[33]。李智广分析了新时代水利监督在水土保持领域的主要目标任务与实现途径[34]。韩红军对水利工程施工管理中的质量控制进行了分析与研究[35]。王洪秋针对水利工程质量监督过程中存在的问题进行分析，并提出了相应对策[36]。张有平探讨了如何加强农田水利工程建设质量监督管理[37]。荣瑞兴梳理了新形势对水利工程质量监督管理提出的要求，提出水利建设工程质量监督管理的创新模式[38]。

（三）新时代水利发展相关研究

近年来部分研究就新时代水利发展展开了讨论。Wu 等总结了人类对水资源和水利工程需求的演变过程，并提出了新时代水利工程建设思路[39]。罗少军提出应从防汛抗旱、河长制推进、水利建设管理和安全生产、水利扶贫等 4 个方面，扎实做好新时代水利发展安全保障工作[40]。杨晓茹等提出应在国土空间规划体系框架及新要求下，构建以发展规划为统领，以流域综合规划为基础的新时代多规融合的水利规划体系[41]。左其亭对目前我国水利发展形势进行了分析判断，分析"新时代特征"和"中国特色"在水利事业中的表现，提出了新时代中国特色水利的历史使命，并对新时代中国特色水利的发展方略进行详细描绘，对未来水利发展蓝图进行了规划和诠释[42]。陈献等通过对新时代涉水主要矛盾的转化情况分析，提出新时代主要矛盾转化对水事矛盾纠纷的影响及对策[43]。凌峰总结了 2018—2020 年海河流域水土保持监督性监测工作开展情况和主要做法，分析了新时期水土保持监督性监测形势和要求，提出了海河流域水土保持监督性监测的思路和措施[44]。张雯梳理了新时代中国水利经济发展现状，并对水利经济发展提出相关建议[45]。徐建新阐述了智慧水利在新时代水利发展中的应用，并对如何进一步发挥新时代下智慧水利的作用展开了讨论[46]。左其亭等基于新时代水利建设框架简要概述了人与自然和谐共生的水利现代化建设思路[47]。周雅程等论述了新发展理念下实现水利建设高质量发展的战略意义和布局，指出新发展理念引领水利建设的科学内涵，分析了未来我国水利建设面临的主要挑战，并提出了相关政策建议[48]。

综上所述，目前已有研究对水利制度、水利监督、新时代水利发展等方面进行了探讨，为我国水利行业管理、水利监督制度建设和水利改革发展等奠定了一定的理论基础和部分实践案例。但目前有关新时代水利监督制度体系的研究仍处于探索阶段，大部分已有研究仅仅停留在水利监督战略框架、地区水利监管系统或初步的水利监督体系上，有关水利监督制度体系的法治内涵尚未得以界定，且仍缺乏对我国新时代水利监督制度体系的系统深入分析。当前，随着新时期治水矛盾的转变，水利工作正处于改革进程当中，新时代水利监督制度体系研究极为迫切。基于此，本研究对水利监督制度体系的法治内涵进行了界定，并结合新时代下水利监督工作面临的新形势，分析当前水利监督制度体系建设的现状及面临的新形势，系统构建我国新时代水利监督制度体系，试图在内容上填补上述已有研究不足，为我国新时代水利监督制度体系建设提供依据。

四、研究内容

本研究对我国新时代水利监督工作现状展开调研分析，借鉴自然资源、生态环境、交通运输等领域监督制度体系及制度制定实施的经验，分析我国水利监督制度体系建设的需求，继而构建新时代水利监督制度体系，并对该制度体系构建提出政策建议，具体内容如下。

（1）新时代水利监督工作现状分析

对2018年以来我国水利监督工作的开展情况展开调研，分析了水利监督工作总体开展情况、制度建设情况、取得的初步成效及存在的主要问题；结合水利治理体系和治理能力现代化、推进水利改革发展总基调向纵深发展等，分析水利监督工作面临的新形势。

（2）相关领域监督制度体系及制度制定实施的经验借鉴

分析自然资源、生态环境、交通运输等领域在行业监督制度层级设置、制度类别、体系架构、制度实施等方面情况，总结其中值得水利行业借鉴的有效经验。

（3）水利监督制度体系建设需求分析

分析水利监督制度体系的基本内涵及法治内涵，从系统性、完整性、实用性和效力性等方面，梳理水利监督制度体系建设的主要需求。

（4）新时代水利监督制度体系构建

明确新时代水利监督制度体系构建的指导思想、基本原则与基本思路，基于基础类、综合类、专业类以及程序类等监督制度类别，构建制度体系框架，并探讨制度体系的主要内容。

（5）政策建议

基于现状与需求分析、制度体系构建的结果，从政策法规、组织体系、管理机制等方面提出水利监督制度体系建设相关政策建议。

五、研究方法及技术路线

（一）研究方法

（1）实地调研法

根据研究需要，课题组对水利部、流域机构、各省级水利厅（局）、水利工程项目法人单位等进行调研，深入了解各地水利监督的实施现状及取得成效，为构建新时代水利监督制度体系提供可靠依据和支撑。

（2）比较分析法

通过对比水利监督工作目标及现实工作成效，分析当前水利监督工作对监督制度的需求；对比水利行业与自然资源、生态环境、交通运输等领域的监督制度制定及实施情况，提炼可供水利行业借鉴的经验。

（3）问题导向分析法

在全面掌握水利监督工作开展情况的基础上，分析水利监督制度体系的需求，并以现存问题及需求为导向，针对性地提出解决问题方案，构建新时代水利监督制度体系，提高项目成果的实践价值。

（二）技术路线

本研究遵循"现状分析—经验借鉴—需求分析—体系构建—政策建议"的思路，对新时代水利监督制度体系进行研究，技术路线如图 1-1 所示。

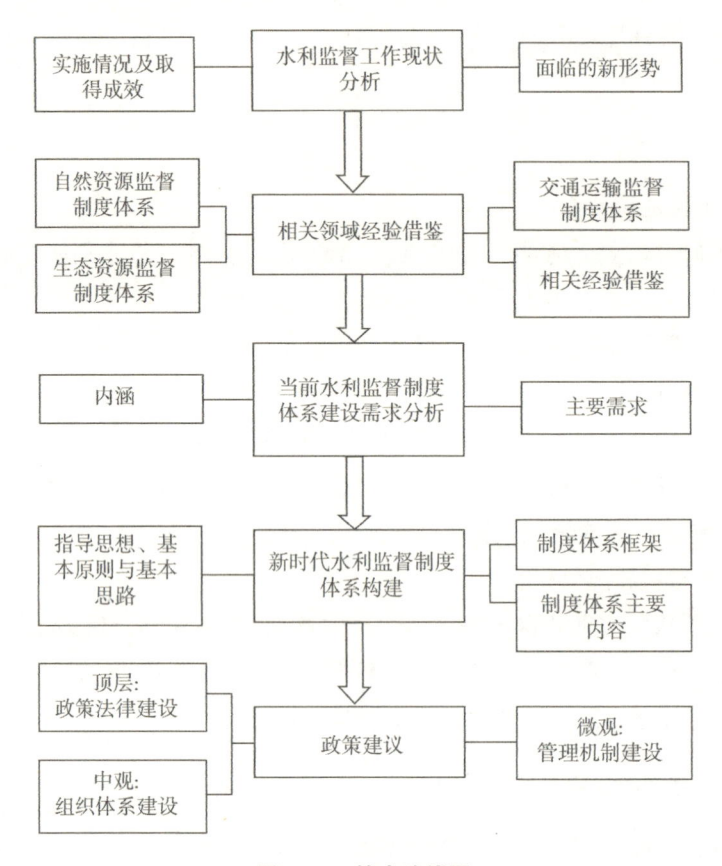

图 1-1　技术路线图

六、创新点

  本研究首次通过行政法理学、制度法学、水利行业管理等多重学科综合视角界定了水利监督制度体系的法治内涵，并基于我国水利监督工作开展现状及面临的新形势，借鉴相关行业经验，结合当前水利监督制度体系建设的需求，构建了我国新时代水利监督制度体系，试图在内容上填补已有研究不足，具有一定创新价值。

第二章 新时代水利监督工作现状分析

一、水利监督工作实施情况及取得的成效

2018年以来，水利部高度重视水利监督工作，提出了"水利工程补短板、水利行业强监管"的水利改革发展的工作总基调，明确了强监管是总基调的主旋律，将水利监管工作摆在了前所未有的重要地位。经过两年的工作实践证明，总基调对于水利监督工作具有明确的引领作用，为水利监督的改革发展提供了可行性路径。在总基调的指引下，水利部坚持以问题为导向，以整改为目标，以问责为抓手，从法制体制机制入手，基本建立了务实管用的水利监管体系。水利行业长期以来形成的"重建轻管"的发展方式发生了根本性的扭转，"以管促建、建管统一"的工作态势逐渐形成，水利行业监管从整体弱向逐步强转变。

（一）水利监督工作总体开展情况

在实际开展的监管工作方面，水利部及流域管理机构、地方水行政主管部门按照各自职责和工作领域，以水利改革发展总基调作为工作指导，开展了一些较为有效的行业监督工作。

1. 水利部监督工作

水利部督查办作为督查工作领导小组的办事机构，按照水利部领导小组制订的工作计划，承担水利部"急""重""难"的水利监督检查事项。先后派组参加了一系列督查工作，具体包括但不限于：特定飞检、水利工程建设、举报调查、河湖"四乱"核查、华北地区地下水超采综合治理、水利资金、南水北调工程安全运行、水利工程运行管理、农村饮水安全、小型水库、水毁修复项目、水闸、山洪灾害防御、淤地坝、督查事项现场核查等。

水利部监督司（以下简称"监督司"）成立后，按照强化水利监督的工作要求，积极开展了安全生产监督、质量监督、项目稽察、重点工程监督、水利资金监督、政务监督等一系列强监管工作。2019年全年，水利部监督司会同7大流域管理机构，组织开展各类监督检查，共派出2 091个暗访组次，发现问题49 629个。对6 549个小型水库和1 092个水闸开展安全运行督查；对130个在建水利工程项目开展安全生产专项整治和安全生产专项巡查；对

252个项目开展7批次稽察；对18个在建重大水利工程开展质量与安全监督巡查。全年印发责任追究文件39份，对810家（次）单位实施责任追究。

水利部各司局根据工作要求承担相关监督职责，与水利部督查办相互配合开展水利监督工作。其中，督查办配合办公厅开展了水利部2019年度督办事项立项工作，已立项考核事项284项。防御司与监督司开展了山洪灾害防御暗访，共派出29组次99人次，暗访了61个县的245个行政村，发现问题531个。水保司与监督司共同开展淤地坝安全度汛督查，按照方案适时参与现场检查，并以"一省一单"形式通报山西、陕西、青海、宁夏四省（自治区）。农水水电司配合监督司、督查办等单位，参与农村饮水安全暗访工作，涉及29省（市、自治区、兵团），累计检查154县、3108村，走访群众10 425户，人饮工程2 351个，水源地1 171个，按报告统计发现问题1 652项。水文司与监督司相互配合，开展了地下水监测站"千眼检查"、水文站"百站检查"，参加6省和兵团的地下水监测站"千眼检查"及广东的水文站检查。通过一系列专业监督工作的开展，各个司局与督查办及监督司配合协调效果良好。

2. 流域管理机构监督工作

水利部直属流域管理机构水利督查工作领导小组按照水利部要求，逐步形成了重视水利行业监督的良好氛围，工作内容包括：对流域管理机构年度水利督查重点工作进行了部署协调；领导并初步组建了流域管理机构水利监督检查队伍；积极协调流域管理机构监督工作，按监督检查发现问题提出整改清单，督促重点问题整改。

流域机构的监督管理工作以承担水利部部署的指定区域内监督检查工作为主，负责核查水利部要求地方整改问题的落实情况，其监管范围涉及《水利部2019年督查检查考核年度计划》中明确的16项监督管理事项。各流域相关处（局）按照年度流域督查重点工作部署，配合水利部及流域管理机构的专职监督机构开展了水资源、水旱灾害、水土保持等多项业务领域的监督检查工作，抽调业务骨干参加暗访调研组和督查组，在各自的监管领域提供业务指导、技术支撑和后勤保障，对发现的问题落实整改责任单位，加强督促检查，确保监督检查工作有序进行。

3. 地方水行政主管部门监督工作

各地方水行政主管部门借鉴已形成的水利安全生产有效监管体制与运行机制，对现有工作模式进行全面改造，形成了初步的水利行业监督工作模式，以河湖"清四乱"、脱贫攻坚农村饮水安全巩固提升、小型水电站生态环境保护、最严格水资源管理、水利工程建设质量安全、水利建设工程质量和安全监督等为重点关注对象，开展水利监督管理工作。

在水利监督管理体制建设方面，水利行业以机构改革为切入点，进一步优化机构设置，强化水利监督职能，水利部、流域管理机构、地方水行政主管部门三层面的水利监管组织机构体系基本形成。就水利部而言，成立了水利督查工作领导小组与监督司。前者负责统筹协调水利部水利监督工作，其下设办公室具体承担领导小组交办的日常工作，后者作为水利部专职监督机构主要负责全国水利综合监督工作，明确了办公厅、规划计划司（以下简称"规划司"）、政策法规司、水资源管理司（以下简称"水资源司"）、河湖管理司（以下简称"河湖司"）等19个部门在各个重点领域的监督职责。就流域管理机构而言，其相关体制建设取得三点进展：一是对照水利部监督机构设置及职能划分，成立了流域管理机构水利督查工作领导小组，负责流域管理机构水利督查重点工作的部署协调工作；二是采用了"1+1+N"模式（1个监督局/处、1个下属专职监督检查单位，N个业务支撑单位），共同负责流域内的水利综合监督工作；三是在调整后的流域管理机构水利监管体系下，进一步明确各相关业务部门的专业监督责任，并组建相应的监督队伍。就地方水行政主管部门而言，各省级水行政主管部门参照水利部、流域机构监督机构设置，结合工作需要，强化了监督职能。在优化机构设置方面采取的举措包括：设立专职监督机构；成立水利督查工作领导小组；明确各类下属单位作为水利监督工作支撑单位，组建地方水利监督队伍。

（二）水利监督制度建设情况

1. 水利监督制度制定情况

（1）水利部层面

2019年以来，水利部深入贯彻"水利工程补短板、水利行业强监管"的工作总基调，以法治建设为工作核心，着力构建"2+N"水利监督制度体系，为水利强监管工作提供强有力的制度依据与保障。在水利监督体系的构建过程中，水利部始终秉持科学严谨的态度，以"三个坚持"作为体系构建工作的指导思想：坚持问题导向底线思维的原则，突出关键领域和重点工作环节的监督检查，做到有章可循；坚持依法依规保障有力的原则，做到各项制度原则统一、有机衔接；坚持统筹协调分工负责的原则，实现步调一致、整体推进强监管。

具体而言，"2+N"制度体系共包含基础性监督制度、水利工程建设和运行监督制度、行业综合考核监督制度、行业管理监督检查制度、水利政务管理监督制度5大类，各项制度共计28项，由13个业务司局参与编制。"2"即两项基础性水利监督制度，包括《水利监督规定（试行）》和《水利督查队伍管理办法（试行）》，以上两份文件已于2019年7月19日印发。作为水利监督制度体系的纲领性文件，其主要提出的两项制度对于水利监督工作中的各类监督事项和监督领域具有普遍适用性。"N"即其他若干项监督制度，分属于4种不同类型的监督工作，目前共计27项。其中，水利工程建设和运行监督制度6项，包括《水利工程建设质量与安全生产监督检查办法（试行）》《水利工程合同监督检查办法（试行）》《水利工程运行管理监督检查办法（试行）》《小型水库安全运行监督检查办法（试行）》《水利工程质量责任终身追究监督检查办法》《水利网信建设和应用监督检查办法（试行）》。行业综合考核监督制度4项，包括《水利部特定飞检工作规定（试行）》《水利行业监督考核评价办法》《水利行业监督信息公示管理办法》《水利行业懒政怠政监督检查办法》。行业管理监督检查制度15项，包括《水利基建项目初步设计文件监督管理办法》《水利规划实施监督检查办法》《水利建设投资统计数据质量核查办法（试行）》《水资源管理监督检查办法（试行）》《节约用水监督检查办法（试行）》《生产建设项目水土保持监督检查办法》《河湖管理监督检查办法（试行）》《农村供水工程监督检查管理办法（试行）》《水工程防洪抗旱调度运用监督检查办法（试行）》《汛限水位监督管理规定（试行）》《水库移民工作监督检查办法（试行）》《水文监测监督检查办法（试行）》《水质监测监督检查办法》《水利工程勘测设计失误问责办法（试行）》。水利政务管理监督制度1项，即《水利部督办工作管理办法》。截至2020年6月，已有20项制度制定出台，其他8项制度正在加快编制中。"2+N"水利监督制度制定情况，如表2-1所示。

表 2-1　"2+N"水利监督制度制定情况

序号	分类	名称	编制单位	制定情况
1	基础性监督制度	《水利监督规定（试行）》	监督司	已印发
2		《水利督查队伍管理办法（试行）》		已印发
3	水利工程建设、运行监督制度	《水利工程建设质量与安全生产监督检查办法（试行）》	监督司	已印发
4		《水利工程合同监督检查办法（试行）》		已印发
5		《水利工程运行管理监督检查办法（试行）》		已印发
6		《小型水库安全运行监督检查办法（试行）》		已印发
7		《水利工程质量责任终身追究监督检查办法》		未印发
8		《水利网信建设和应用监督检查办法（试行）》	信息中心	已印发
9	行业综合考核监督制度	《水利部特定飞检工作规定（试行）》	监督司	已印发
10		《水利行业监督考核评价办法》		未印发
11		《水利行业监督信息公示管理办法》		未印发
12		《水利行业懒政怠政监督检查办法（试行）》		未印发
13	行业管理监督检查制度	《水利基建项目初步设计文件监督管理办法》	规计司	未印发
14		《水利规划实施监督检查办法》		未印发
15		《水利建设投资统计数据质量核查办法（试行）》		已印发
16		《水资源管理监督检查办法（试行）》	水资源司	已印发
17		《节约用水监督检查办法》	全国节约用水办公室	未印发
18		《水土保持工程监督检查办法（试行）》	水土保持司	已印发
19		《生产建设项目水土保持监督检查办法》		已印发
20		《河湖管理监督检查办法（试行）》	河湖司	已印发
21		《农村供水工程监督检查管理办法（试行）》	农村水利水电司	已印发
22		《水工程防洪抗旱调度运用监督检查办法（试行）》	水旱灾害防御司	已印发
23		《汛限水位监督管理规定（试行）》		已印发
24		《水库移民工作监督检查办法（试行）》	水库移民司	已印发
25		《水文监测监督检查办法（试行）》	水文司	已印发
26		《水质监测监督检查办法》		未印发
27		《水利工程勘测设计失误问责办法（试行）》	水利水规划设计总院	已印发
28	水利政务管理监督制度	《水利部督办工作管理办法》	办公厅	已印发

（2）省级层面

为了积极贯彻践行水利改革发展总基调，全面推动水利监督工作向纵深发展，各省级水利部门也积极开展水利监督制度的制定工作，按照地方水利工作的特点，制定地方水利监督制度为水利强监管提供制度保障。据初步统计，2019年以来，共有20余个省（区、市）制定出台了30余项水利监督制度，内容涵盖了水利监督工作的各个领域，为地方水利监督的全面开展提供了工作依据，对"2+N"水利监督制度进行了完善和补充。

其中，江苏、浙江、辽宁、内蒙古、青海及甘肃等省份出台了省级的"水利监督规定""水利监督实施办法"或"水利监督实施细则"，进一步细化了本省水利监督工作的具体要求和组织保障内容。陕西、宁夏、河南、山东等黄河流域各个省份均根据实际情况出台了水土保持监督的相关制度；重庆市出台了《重庆市水文测报监督检查评定办法（试行）》《重庆市水情工作管理办法（试行）》；上海市作为特大型城市出台了《上海市排水执法水质监测管理规定》；河北省作为重度缺水省份，出台了关于印发《河北省水利厅水利监督检查责任追究办法（试行）》《河北省农村饮水安全监督检查管理办法》《河北省河湖管理监督检查实施细则（试行）》《河北省河（湖）长制工作督查督办制度（试行）》《河北省河（湖）长巡查工作制度（试行）》《河北省水利工程运行管理督查办法（试行）》等多项制度，全面加强地方水利监管工作。各省（区、市）水利监督制度出台情况，如表2-2所示。

表2-2 各省（区、市）水利监督制度制定情况表

省（区、市）	名称	印发时间
北京	《北京市水利工程施工安全监督暂行办法》	2017.12.28
天津	《天津市水务工程建设项目稽察办法》	2011.10.17
河北	《河北省水利厅水利监督检查责任追究办法（试行）》	2020.4.22
河北	《河北省农村饮水安全监督检查管理办法（试行）》	2020.4.24
河北	《河北省河湖管理监督检查实施细则（试行）》	2020.3.27
河北	《河北省河（湖）长制工作督查督办制度（试行）》	2018.8.19
河北	《河北省河（湖）长巡查工作制度（试行）》	2018.8.19
河北	《河北省水利工程运行管理督查办法（试行）》	2018.6.23
内蒙古	《内蒙古自治区水利监督工作办法（试行）》	2020.1.7

续表

省（区、市）	名称	印发时间
辽宁	《辽宁省水利厅水利监督工作规则（试行）》	2020.5.22
	《辽宁省水利督查队伍管理细则》	2020.5.22
吉林	《吉林省水库移民工作监督检查实施细则（试行）》	2020.8.5
上海	《上海市排水执法水质监测管理规定》	2019.1.24
江苏	《江苏省河道管理范围内建设项目监督管理实施办法（试行）》	2021.12.8
浙江	《浙江省水利监督规定（试行）》	2020.6.18
山东	《山东省水工程防洪抗旱调度运用监督检查办法（试行）》	2020.10.9
	《山东省汛限水位监督管理实施细则（试行）》	2020.10.9
	《山东省生产建设项目水土保持标准化监管暂行办法》	2019.11.14
河南	《河南省生产建设项目水土保持监督检查管理办法（试行）》	2019.5.29
湖北	《湖北省生产建设项目水土保持监督管理办法》	2020.4.29
	《湖北省水利水电工程建设分级监督管理办法》	2015.7.27
湖南	《湖南省水利厅水利监督规定（试行）》（征求意见稿）	2020.7.2
广西	《广西农村水电增效扩容改造项目工程质量与安全监督管理办法》	2019.12.19
	《广西水利建设工程质量与安全监督实施细则》	2019.12.19
重庆	《重庆市水文测报监督检查评定办法（试行）》	2020.8.4
	《重庆市水情工作管理办法（试行）》	2020.8.4
贵州	《贵州省水利安全风险分级管控实施办法（试行）》	2020.1.22
陕西	《陕西省生产建设项目水土保持监督管理办法》	2020.4.15
	《陕西省国家水资源监控系统运行维护及监督管理办法》	2018.12.26
甘肃	《甘肃省水利监督办法（试行）》	2020.8.28
青海	《青海省水利工程运行管理督查办法》	2017.10.17
	《青海省水利工程质量监督管理规定》	2018.9.25
	《青海省水利监督实施办法（试行）》	2020.4.8
宁夏	《宁夏回族自治区水土保持监测管理办法（试行）》	2019.10.30

2. 水利监督制度实施情况

（1）水利监督制度为强监管工作提供了有力的组织保障

2019年7月19日，水利部同时印发《水利监督规定（试行）》和《水利督查队伍管理办法（试行）》，两份文件分别厘清了水利部各职能部门的层级结构与承担职责、明确了水利监管的职责机构和人员编制，为"水利行业强监管"工作的开展提供了有力的组织保障。

一方面，《水利监督规定（试行）》明确了水利部各职能部门的层级结构，主要包括：一是明确水利部水利督查工作领导小组的职能定位是"统筹协调全国水利监督检查，组织领导水利部监督机构"；二是水利督查工作领导小组下设办公室（简称"水利部督查办"），指导水利部督查队伍建设和管理，承担水利督查工作领导小组交办的日常工作；三是各流域管理机构成立相应的水利督查工作领导小组，下设办公室（简称"流域管理机构督查办"），组建流域管理机构督查队伍并承担相应职责。此外，《水利监督规定（试行）》第8条、第9条及第12条以列举式分别规定了水利部水利督查工作领导小组、水利部督查办、流域管理机构督查办各自承担的职责，为规范水利监督行为奠定了基础。

另一方面，《水利督查队伍管理办法（试行）》依据2019年全国水利工作会议指出的明确水利监管的职责机构和人员编制，建立统一领导、全面覆盖、分级负责、协调联动的监管队伍的要求，在组织架构方面主要规定了以下内容：一是规范水利部监督队伍的建设和管理，明确其队伍结构和职责内容。水利部监督队伍包括承担水利部督查任务的组织和人员，其主要负责对各级水行政主管部门、流域管理机构及其所属企事业单位的履责情况进行监督检查；二是明确流域水利监督队伍的组织管理。各流域管理机构按照水利部统一部署，多采用"1+1+N"模式（1个监督局/处、1个下属专职监督检查单位、N个支撑单位）组建流域水利监督队伍，监督队伍负责指定区域的督查工作。可见，《水利督查队伍管理办法（试行）》全面落实了2019年全国水利工作会议的要求，依法依规保障、推动、确认了各级水利监督机构和督查队伍的建立。

（2）水利监督制度为强监管工作提供了完备的行为规范

从监督环节上看，强监管工作主要包括4个环节，分别为：查找问题、认证问题、整改问题、责任追究。渐趋完善的水利监督制度为强监管工作提供了完备的行为规范，有利于以上4个环节的顺畅衔接和积极运转。强监管工作的基础是查找问题，是整个监督流程的前置程序。2019年，水利部在全年统筹开展了三大项督查、检查、考核：全国河湖长制落实情况监督检查、2019年度最严格水资源管理制度考核、水利行业"强监管"落实情况监督检查，

3项全部采用暗访方式；2019年度最严格水资源管理制度考核中，8项全部以暗访方式；水利行业"强监管"检查，13项采用暗访方式，5项采用的是暗访与明察相结合的方式，7项以明察的方式进行。

在水利督查中发现问题后，下一步需要解决的是如何对问题进行认定。目前，上述三项督查检查考核工作的重要依据，即水利强监管"2+N"系列制度，随着系列制度的不断完善，对发现问题的定性将趋于精准化，从而为水利部强监管工作提供更加准确的监督依据。整改问题和责任追究是强监管工作的处理方式，一方面，对于水利监督过程中发现的问题应积极组织人员予以纠错改正，这是监督所应达成的目标之一。另一方面，水利监督的关键，即为严格落实追责制度，有效规范和约束日常水利工作，截至2019年10月底，2019年度水利部已进行13次不同类型责任追究（约谈、通报批评、停工整改），涉及11个省（自治区、直辖市），32家单位，8个相关责任人。

在实践中，已出台的制度规定为强监管工作提供了完备的行为规范，水利部强监管工作取得了一些进展。例如，根据《水利部特定飞检工作规定（试行）》，2019年7月30日，水利部部长鄂竟平率队对河北省部分农村饮水工程运行和管理情况进行了暗访。通过暗访，鄂竟平针对发现的问题指出，农村饮水直接关系广大村民的日常生活和生命安全，水利工作必须坚持以人为本，高度重视既存问题，对于目前部分地区仍然存在的农村饮水困难问题，要从建立长效机制、落实回访制度、解决水费问题几方面进行解决。根据《水利工程建设质量与安全生产监督检查办法（试行）》《水利资金监督检查办法（试行）》《小型水库安全运行监督检查办法（试行）》《水利工程运行管理监督检查办法（试行）》等规定，水利部督查办派出数百组次、数千人次，对项目、水资源管理、水利资金、小型水库、水闸安全运行、水利工程质量、水利工程合同、农村饮水安全等进行监督检查，并对相关责任人进行了责任追究。

各省级水利部门也以《水利监督规定（试行）》《水利督查队伍管理办法（试行）》为依据，进一步强化了水利监督职责，大部分省份设立了专职监督机构，督促检查地方水利重大政策落实情况，组织开展地方业务领域的督查；部分省份成立了水利督查工作领导小组，作为地方水利监督的领导机构，积极落实水利监督的各项要求；多数省级水利部门明确了各类下属单位作为水利监督工作支撑单位，组建地方水利监督队伍，承担水利监督检查各项工作。据统计，目前全国已经有28个省级水行政主管部门成立了专职水利监督机构，具体情况，如表2-3所示。

表2-3 省级专职水利监督机构设置现状表

省（区、市）	天津	湖北	陕西	宁夏	辽宁	吉林	河北
专职监督机构	安全监督处	监督处	建设监督处	安全生产与监督处	监督处	监督处	监督处
省（区、市）	四川	内蒙古	海南	湖南	新疆	重庆	黑龙江
专职监督机构	审计与安全监督处	运行管理监督处	政策法规与监督处	运行管理与监督处	监督处	监督处	监督处
省（区、市）	甘肃	江西	广西	河南	山东	山西	安徽
专职监督机构	监督处	监督处	监督处	监督处	监督处	监督处	监督处
省（区、市）	浙江	江苏	福建	广东	云南	贵州	青海
专职监督机构	监督处	监督处	监督处	监督处	监督处	监督处	监督处

（3）水利监督制度规定为强监管工作提供了坚实的工作依据

水利监督体系中的不同制度规定了不同领域的水利监督检查内容，为现实水利监督工作提供了制度指导和法律依据。按照不同的水利监督制度规定，截至2020年8月，水利部强监管工作主要取得以下代表性成果。

按照《水利工程建设质量与安全生产监督检查办法（试行）》的规定，2019年，水利部督查办派出22组次，对26个项目进行了检查，共发现问题1320项。今年7月，水利部督查办对朱溪水库进行了质量飞检，共发现问题103项，其中严重问题42项，占比40.7%。按照《水利资金监督检查办法（试行）》的规定，2019年，水利部督查办已对3个省份的水利资金进行了专项检查，其中在山西省检查时，发现各类问题58大项共77个。其中，侯马市浍河生态修复综合治理工程以PPP模式建设，涉嫌挪用资金820万元，挤占中央财政水利发展资金2920万元。按照《小型水库安全运行监督检查办法（试行）》的规定，2019年，水利部继续开展小型水库督查工作，涉及31个省（区、市）和新疆生产建设兵团。水利部共派出385组次、1334人次，检查了6547座小型水库（小Ⅰ型1502座，小Ⅱ型5045座）。其中，能够正常安全运行的有2940座，存在一定安全隐患但能正常运行的有3164座，存在重大安全隐患不能安全运行的有443座，占比6.8%，共发现问题18718项。按照《水利工程运行管理监督检查办法（试行）》的规定，水利部对青海省引大济湟工程进行专项检查，发现了多处问题。此外，2019年，水利部还开展了水闸安全运行督查工作，涉及31个省（区、市）。共派出111组次、372人次，检查水闸1 092座（大型146座、中型531座、小型415座）。其中，能够正常安全运行的有557座，存在一般安全隐患可以运行的有405座，存在重大安全隐患无法正常运行的有130座，占比11.9%，发现问题3 259项。

除上述主动开展的监管检查外，按照强监管制度的规定，相关职能部门对于举报调查亦采取了积极处理的方式。2019年，水利部督查办派出24组次、调查24个项目。其中，21项正常，发现问题共计145项，主要涉及河道违法采砂、水利工程质量问题、水利工程合同问题、农村饮水安全。水利部督查办根据调查结果，对相关单位进行了通报批评。此外，水利部督查办严格落实回访制度，对已经发现的问题进行复查，确保问题在限期内得到解决。

（4）水利监督制度规定为强监管工作提供了有效的问责依据

水利监督的各项制度，在制定之初即充分考虑制度的可行性，强调通过制度为"调整人的行为、纠正人为错误"提供规范依据，特别是通过有效的问责制度，层层传导压力，压实责任。按照有关制度的规定，对在监督检查中发现的问题进行责任追究，有利于提高监督威慑力和行业公信力。各级水利部门在监督工作开展中，对各项水利工作开展的情况进行高强度的监督检查，并对发现的问题进行严肃追责，水利强监管震慑力已逐步显现，行业公信力逐步提升。例如，叶建春副部长对河南信阳小型水库开展特定飞检，对发现的问题责成河南省水利厅对责任单位进行约谈，对责任人进行通报批评。在太湖局开展小型水库督查过程中，福建省对太湖局发现的存在问题，对整改不到位的9座小型水库相关负责人严肃处分，全部进行免职。通过对新疆阿尔塔什水利枢纽工程督查，发现工程建设运营问题131项，责成新疆维吾尔自治区水利厅对业主单位进行约谈，并由业主单位对涉及的参建单位和责任人进行责任追究。通过对内蒙古自治区增隆昌水库进行专项检查，发现问题36项，约谈内蒙古自治区水利厅、巴彦淖尔市人民政府、乌拉特前旗人民政府、乌拉特前旗增隆昌水库项目法人代表、监理单位及施工单位。通过对西藏拉洛水利枢纽工程进行专项督查，发现问题85项，责成西藏自治区拉洛水利枢纽及灌区管理局对施工单位进行约谈，并对各参建单位相关责任人进行追究。

可见，水利强监管工作将责任追究作为监督关键，通过对相关问题的督促整改并进行严格追责，对地方在水利工作中懒政怠政、履职不到位的行为起到震慑作用，促使各级地方政府正视水利工作中存在的各项问题并积极整改，进一步落实地方主体责任及强化其工作履职意识，进而有利于水利行业的社会形象进一步提升，对水利行业的环境肃清起到积极作用。

（三）水利监督工作取得的初步成效

1. 水利数据得以进一步掌握

高强度、全方位的监督检查有利于进一步明确水利相关底数，为推进新时代水利改革发展提供了依据。各级水利监督机构通过开展高频次全覆盖的监督检查，较为全面地掌握了当前各项水利工作的实际情况，修订完善了大量水利相关数据，从而为推进各项水利工作开展提供了重要依据。2019年全年，监督司紧盯行业风险隐患，持续拓展督查暗访的覆盖面，其牵头并由相关司局、各流域管理机构配合，共派出2 091个暗访组次，发现问题49 629个。对6 549个小型水库和1 092个水闸开展安全运行督查，详细了解了水库行政责任人、技术责任人、巡查责任人履职情况和水雨情监测预报预警通信、调度运用方案、安全管理（防汛）应急预案等重点环节落实情况，掌握了全国小型水库安全运行情况；对3 109个村的10 454个用水户开展农饮工程暗访，并对2 740户进行了靶向核查，初步了解了全国农村饮水安全底数，为部署全面解决6 000万农村人口饮水问题和启动编制农村供水规划提供数据支撑；对243个水毁项目、1 649个山洪灾害预警设施设备、80座超汛限水位水库、110座水库防洪工程调度、393座淤地坝开展防汛督查；对河湖水资源保护、水域岸线管理、水污染防治、水环境治理情况全面摸底，对6 679个河段和1 886个湖区开展"四乱"督查，总体掌握了各地"清四乱"工作的进展，有力推动了河长制湖长制从"有名"到"有实"转变；对825个取水口、824个节水型单位、66个水源地开展水资源管理和节约用水督查；对6个定点扶贫县区和帮扶组长单位定点扶贫工作任务落实情况开展督查；对169亿水利工程项目资金管理使用情况开展检查；对130个在建水利工程项目开展安全生产专项整治和安全生产专项巡查；对涉及危险化学品和电气火灾隐患开展全面排查和整治；对252个项目开展7批次稽察；对18个在建重大水利工程开展质量与安全监督巡查。全年印发责任追究文件39份，对810家（次）单位实施责任追究。通过规模性督查暗访初步掌握了当前行业形势状况，形成了强监管态势，有效推动了全行业工作做实做细。

2. 水利行业管理水平显著提高

通过监督检查深入查找各类问题并督促整改，有利于提高水利行业管理水平。各级水利部门认真落实监督工作，仔细查找问题，开列问题清单，较为准确地反映了实际问题，在此基础上，督促责任单位进行整改，推动行业水治理水平不断提高。2020年上半年，水利部克服疫情影响，派出督导组进驻四川省凉山州，以暗访方式持续对凉山州农村饮水安全脱贫攻坚进行现场督导。督导组随机抽查了27个村177户，复查了2019年底水利部领导特定飞检发现问题的整改情况，并就农村饮水安全脱贫攻坚现场督导发现的重点和难点问题，以及问题整改落实情况与当地水行政主管部门进行交换意见。水利部监督司会同防御司，组织部督查办、各流域管理机构、省级水行政主管部门对防洪工程设施水毁修复情况展开督查。截至5月上旬，部督查办和各流域管理机构已累计派出督查人员49组次、132人次，电话问询372个项目、影像核实26个项目、现场暗访258个项目；各省（自治区、直辖市）已累计派出督查人员130组次、427人次，电话问询项目697个，影响核实项目125个，现场暗访项目466个，其他方式5个。

3. 水利监督威慑力与行业公信力明显增强

对监督检查中发现的问题进行责任追究，有利于提高监督威慑力和水利行业公信力。各级水利部门在监督工作开展中，对各项水利工作开展的情况进行高强度的监督检查并对发现问题进行严肃追责，积极落实主体责任，促进履职主体树立高度责任意识。如上文所述，各地按照水利监督制度的要求对水利工作进行了全面的高强度监管，并通过严格落实责任追究，保障监督检查实现效果，促进水利强监管工作对外的权威性建设。例如，在过去进行的河南信阳小型水库特定飞检行动、太湖局小型水库督查、新疆阿尔塔什水利枢纽工程督查、内蒙古自治区增隆昌水库专项检查等一系列水利监管工作中，在发现、认证问题的基础上，均按照问题的严重程度对责任单位进行了约谈、督促整改，对相关负责人采取了处分、免职等责任追究方式。

（四）水利监督工作存在的主要问题

2018年以来，水利监督制度建设全面开展并取得初步成效，但因受多重因素影响，水利监督体制机制建设仍缺少有力的制度保障，一些重要领域和关键环节还存在制度空白，部分已有的制度失于宽、松、软，制度条款过于原则宽泛，可操作性不强，震慑力不足，影响了水利强监管工作的有效开展。

1. 水利监督制度方面

一是缺乏足够的法律法规保障，刚性约束不足。与生态环保、自然资源等部门修订出台法律法规的速度相比，水利行业完善水法规体系的速度较慢，现行《中华人民共和国水法》《中华人民共和国水污染防治法》《中华人民共和国水土保持法》等法律具有滞后性，不能满足当前水利改革发展的新形势。例如，现行相关法律存在对违法行为惩戒力度不够，对非法河道采砂、污水违规排放等违法行为处罚额度有限等问题，难以起到预期的惩戒警示作用。另外，规范合理排水作为社会热议问题无法找到有效执法依据，浪费水资源等行为尚未被列入水行政执法范畴，不合理取用（排）水行为不能得到有效规制。

二是涉水法律法规强制性规范条款较少，水行政执法授权不足，可操作性不强。水行政执法队伍没有独立的行政强制权力，对各类水事违法案件难以强制执行，水行政执法威慑警示效果不足，执法手段单一，难以与水利行业的重要性以及水利监督工作的严肃性相匹配。同时，涉水法律法规缺乏与其他法律的衔接制度，水利执法部门与其他部门之间缺少行之有效的沟通机制，容易引起行政执法的矛盾或推诿。

三是水利强监管的配套规范标准有待健全。建立健全水利监督制度的本质要求是使之服务于水利行业强监管。然而，由于水利强监管仍处于推行初期，其评价标准、实施程序、适用制度等存在诸多争议，相关规范条文有待进一步确定。例如，水利强监管中"强"的程度标准、评价体系等问题，亟待出台制度进行明确说明。综合来看，水利强监管是对新时代水利发展提出的新要求，为建立水利强监管长效机制，目前应建设与之相配套的新规范、新标准，明确各领域的督查办法和监管标准，回应其在实践中产生的争议，使之稳定运行。

四是重点领域监督检查制度依据不够完善，不利于监督工作有效开展。节约用水监督、水文监测监督、水质监测监督等相关制度尚未出台，缺少相关问题清单和问责标准；河湖管理、水土保持工程监督、农村饮水安全监管、水利工程调度运行、水库移民等重点领域的监督检查制度规定存在与水利工作实际情况不相符的情况，需要进一步完善监督检查的内容标准，确保强监管工作规范有序，强化水利监督工作的公信力和权威性。

五是现有水利制度缺乏关于考核制度的规定。监督考核是提升水利监督权威性的重点环节，目前监督制度对考核评价指标内容设置宽泛模糊，抽象不具体，优劣难以量化，考评体系不科学，考核成果在实际工作中尚未得到广泛应用。因此，需要在出台监管制度同时，制定出台行业综合考核监督相关制度，实行行业监督考核，完善科学化的绩效考评机制，激发优胜劣汰动力，更好地督促各级水利部门履行水利监督主体责任。

2. 水利监督体制机制方面

一是水利监督机构的职责有待细化完善。在部级层面，水利部督查工作领导小组仍有必要强化其推进水利监督顶层设计、强化保障机制的职责。监督司与督查办的综合监督职能仍有待整合，以强化水利监督的协调性，监督司与其他司局在配合开展各项监督检查工作的职责方面也仍有待细化，通过协调配合，强化监督合力。在流域管理机构层面，流域督查工作领导小组及其办公室统一领导部署流域内监督检查工作，但并未充分发挥向水利部及时反映问题情况的职责，流域管理机构监督处（局）与其他处（局）配合开展流域监督检查的职责仍不够细化明确，不利于流域各项监督工作的开展。在省级水利部门层面，目前地方水利监督职能与水利部的对接情况仍有待改进，地方水利部门相关处室与监督处（或其他专职监督机构）合作开展辖区内各项监督检查工作的职责也尚未得以细化，地方水利监督机构通过对发现的问题落实整改，推动业务管理水平不断提高的职责也未得以突显。

二是分级监管落实不明确。行业监管与属地监管、流域监管与地方监管、地方各级之间的监管关系未完全理顺，在监管工作中权责不清。目前，"自上而下、一插到底"的高频次集中督查式的监管，在短时间内能够起到发现问题引起地方重视的作用，但由于缺少长效保障机制，不宜长期采用。因此，应充分发挥水利部及地方监管的上下联动作用，一方面，通过上下联动，实现每一管理组织层级的监管对象全覆盖，继续完善水利部和流域管理机构开展的专项督查行动。另一方面，应对省市县水利部门监督力量不足的问题予以关注，通过根据地方实际情况增加人员配额、缩小单位区域监管范围等方式，进一步缩小省市县水利部门对其管辖的业务范围与全覆盖要求间的差距。

三是综合监管（逆向监管）与专业监管（正向监管）相结合的监管机制尚不完善。除了专业监管，综合监管在水利强监管制度中亦发挥着补充性作用。然而，综合监管目前存在落实不到位、与其他监管衔接不足等问题。各地方调研报告显示，省级的水行政主管部门基本设立了综合监管机构，但市、县两级在本次机构改革中普遍没有设立综合监督部门，目前各省级监督处工作人员编制一般仅有5至8人，一些地区甚至已经撤销县级水行政主管专职部门，监督人员数量远远不能满足水利监督需求。此外，综合监督机构多为新组建单位，其运行管理机制还在探索和完善阶段，综合监管与行业监管的相互衔接需进一步提高。

3. 水利监督能力建设方面

一是监管人员的素质能力有待加强，工作效率有待提高。水利强监管工作涉及面广、专业性强、素质要求高，一般的水利工作人员很难满足多个业务领域的水利监督工作需求。同时，为了扩充监督队伍力量，各专职监督机构均从其他单位抽调了较多的人员，但监督工作繁重复杂，监督业务培训不充分，均在一定程度上影响了监督队伍的专业能力。此外，由于机构改革和人员交流轮岗等原因，专职监督机构的管理岗位工作人员变动较大，新上任的监督工作人员对岗位业务理解不够深入，实际工作经验相对不足，使得监督队伍在短期内应对大量的监督检查工作压力较大。在此基础上，强监管工作的开展也不应只对"事"监管，更应强调对于"人"的监管，强化自上而下的组织监督，改进自下而上的民主监督，加强对各级水利部门及其下属单位，以及对各部门、各单位工作人员的监督管理，强化对于懒政怠政、履职不到位等行为的监管。

二是监管队伍建设保障有待加强。目前，按照国家缩减三公经费的要求，水利监督工作难以得到充足的人员经费和先进的仪器装备保障。面对高强度的水利监督任务，各流域管理机构、省级水利部门普遍反映现场检查所需仪器设备、车辆等物质保障不够完善，监督检查人员补贴补助保障不足以支撑监督检查日常开销。另外，流域管理机构监督工作人员工作经费目前仅靠流域管理机构或地方水行政主管部门监督检查工作的预算经费统筹解决，不利于未来长期的监督工作开展。因此，为进一步激发监督人员工作的积极性，稳定监督队伍，提升监督效率，有必要进一步强化监督队伍建设，提供设备、技术、经费等方面的支持保障。

三是监管科技手段有待加强。目前，支撑监管工作的信息化系统不完善，智慧水利建设严重滞后，信息共享机制不健全。尽管相关水利部门已初步开发了信息平台PC端及APP系统，水利督查工作具备了信息处理的基本功能，但水资源管理、河长制湖长制、水土保持、水利工程质量监管等领域信息化管理仍显薄弱，后续功能扩展和完善仍有大量的开发任务。在以上各领域的水利监管中，运用先进手段开展监管不足，数据信息共享机制不健全，与新形势下的治水要求不相适应。

二、水利监督工作面临的新形势

（一）水利治理体系和治理能力现代化对水利监督工作提出了新要求

新时期水利改革中，水利部及各流域、地方水利监督机构积极践行改革发展总基调，在组织机构与职责、水利行业强监管体制等方面均取得了一些成效。目前，水利治理体系的完善和治理能力现代化要求水利监督工作向新阶段发展，具体包括水利改革发展内容转变、水利行业管理水平、责任追究三方面。

一是以水利改革发展总基调为方向指导，促进水利改革发展的全面转变。2019年是践行水利改革发展总基调的第1年，总基调要求，水利监管发生了"从弱到强"的整体转变，为及时掌握水利强监管的动态发展、对其作出准确评价，水利部党组通过部署覆盖16个省（区、市）和全部流域管理机构的实地调研、线上匿名调查、一线人员座谈会等方式，积极了解了实践情况，在肯定水利改革发展总基调对改革的指导作用基础上，从两方面总结了水利监管在改革新形势下应坚持的转变和发展。一方面，水利监管应牢牢把握"水利工程补短板、水利行业强监管"的要求，确立水利工作正确主攻方向。水利改革发展总基调在过去的一年深刻影响了水利工作，并以取得的诸多成果作为效果反馈证实了其自身的正确性，在未来的水利工作中，应继续落实总基调要求，水利部门及工作人员应从被动遵守到发挥主观积极性转变，主动思考如何更加深入贯彻落实改革发展新要求。另一方面，水利监管应继续坚持"以管促建、建管统一"，优化水利发展方式和惯性路径。过去，各级水利部门以"补短板"作为单一工作重心，在水利改革发展新形势的要求下，水利部门的工作实施从"重建轻管"向"以管促建、建管统一"转变，重视谋划监管与督促落实，加快建立健全法制体制机制，增强暗访督查力度，将强监管作为各流域、各地区水利工作的主旋律，持续推动水利监管的良好氛围形成。综上，各级水利部门围绕践行总基调，加快破除积弊的同时，应继续巩固良好态势、顺应改革趋势，促进新时代水利改革发展的全面转变。

二是通过监督检查深入查找各类问题并督促整改，提高水利行业管理水平。各级水利部门认真落实监督工作，仔细查摆问题，开列问题清单，较准确反映了实际存在的问题，并督促责任单位进行整改，推动行业水治理水平不断提高。2019年，七大流域管理机构对水毁修复项目情况进行了检查，检查项目243个，发现问题501项。对水毁修复项目进度较慢、资金落实不到位、存在质量缺陷等突出问题提出了整改要求，确保相关水毁工程安全度汛。水利部督查办与流域管理机构共同开展了山洪灾害防御督查工作，涉及30个省（区、市），根据当前山洪灾害特点，全面开展山洪灾害风险隐患排查，监督地方强化雨水情监测预报系统和群测群防体系等，落实"最后一公里"预警措施，确保人民生命财产安全。全国各地开展河湖"清四乱"督查，查找出了河湖管理方面众多问题，其中内蒙古全区排查出2 709个"四乱"问题；湖北共排查出"四乱"问题4 137个；广西全区首轮摸底排查发现2 547个"四乱"问题，各地积极开展整治工作，目前绝大多数问题已经整改销号，在此基础上水利部还召开了全国河湖"清四乱"专项行动工作交流会，交流典型经验，全面提升了河湖管理水平。

三是继续提高水利监督威慑力与水利行业公信力，将责任追究作为监督关键。《水利监督规定（试行）》第六章详细规定了"责任追究"的内容，第24条规定："责任追究包括单位责任追究、个人责任追究和行政管理责任追究。"责任追究对象包括被检查单位、该单位的上级主管单位、直接责任人以及对直接责任人行政管理工作失职的单位直接领导、分管领导和主要领导。第26条以追责对象为划分标准，分别规定了对单位和个人不同的责任追究方式。对单位的责任追究一般包括：责令整改、约谈、责令停工、通报批评（含向省级人民政府水行政主管部门通报、水利行业内通报、向省级人民政府通报等）、建议解除合同、降低或吊销资质等，并且按照国家有关规定和合同约定承担违约经济责任。对个人的责任追究一般包括：书面检讨、约谈、罚款、通报批评、留用察看、调离岗位、降级撤职、从业禁止等。可见，《水利监督规定（试行）》对于责任追究部分规定翔实，实际上释放了强监管、严追责的强烈信号，上述所援引的新疆阿尔塔什水利枢纽工程督查、太湖局小型水库督查、河南信阳小型水库特定飞检行动、内蒙古自治区增隆昌水库专项检查等一系列水利监管工作同样证实，严格的责任追究制度对于水利强监管工作有两方面益处：对内，通过责任追究的压力促成，有利于履职主体树立高度责任意识，推动各级水利部门及时发现和整改大量突出问题，有效消除隐患、化解风险；对外，严格的责任追究制度顺应了强监管工作的要求，有利于过去水利工作积弊的解决，河湖面貌、水资源管理面貌、水利工程面貌均发生了积极转变。水利部党组织的调研显示，水利行业形象得到重塑，行业地位逐步提升，水利工作的认可度和支持率较往年有明显提高。

（二）推进水利改革发展总基调向纵深发展为水利监督工作明确了新任务

当前我国新老水问题突出，新时代治水主要矛盾已发生深刻变化，水利行业发展定位和改革目标也逐渐发生了转变。2018年，水利部明确提出将"水利工程补短板、水利行业强监管"作为新时代水利改革发展的工作总基调，为水利行业监管工作进一步明确了新任务。

一方面，统筹解决新老水问题需要构建水利大监管格局。当前我国新老水问题复杂交织，由于在经济社会发展中没有充分考虑水资源、水生态、水环境的承载能力，长期以来人们在开发利用水方面的错误行为未得到有效监管，用水浪费、过度开发、超标排放、侵占河湖等问题未被及时纠正，导致水资源短缺、水生态损害、水环境污染等问题不断累积、日益突出，问题逐渐覆盖水利行业各个重点领域。同时，水问题的复杂程度也不断增加，各项水问题涉及多方面因素，跨流域、跨领域、跨部门的特点也愈发明显，水资源、水生态、水环境等方面的问题需要全面整合水利行业力量，推动水利行业监管从"整体弱"到"全面强"转变，既要对水利工作的全链条进行全方位监管，也要合理分配监管力量、突出抓好关键环节重点领域的监管。针对这种情况，水利行业将"强监管"作为工作总基调的重点任务，要求精准把握水利改革发展的瓶颈和靶心，在更高层次、更广范围、更深程度全面推进水利行业监管工作，加强对水利重点领域的监管。具体而言，在水利监管的组织架构系统中，应当进一步明确各个职能单位对于各项重点领域的监管职能，由专职监督部门对于各项监督检查统筹安排，加强各部门对于水利行业监管工作的共同参与，各流域、地方要积极响应并认真贯彻落实水利监督工作的各项要求，实现各领域、各层级水利监管工作的协调配合，增强水利监管工作的系统性、整体性、协同性，构建全方位的水利监督大格局。

另一方面，各项监管任务需要进一步细化和集中力量予以重点突破。"水利行业强监管"的重点是强化对河湖、水资源、水利工程、水土保持、水利资金、行政事务等六个方面的监管，每一方面的监管均有其特定的内容，具体而言：一是强化对江河湖泊的监管。以河长制湖长制为制度核心，全面监管"盛水的盆"和"盆里的水"。在对"盆"的监管上，以"清四乱"为重点，集中力量解决乱占、乱采、乱堆、乱建等问题。在对"水"的监管上，压实河长湖长主体责任，统筹解决水多、水少、水脏、水浑等问题，维护河湖健康生命。二是强化对水资源的监管。落实节水优先方针，按照以水定需原则，体现水资源管理"最严格"的要求，全面监管水资源的节约、开发、利用、保护、配置、调度等各环节工作。制定完善水资源监管标准，建立节水标准定额管理体系，加强水文水资源监测，强化水资源开发利用监控，整治水资源过度开发、无序开发、低水平开发等各种既有问题。三是强化对水利工程的监管。以点多面广的中小水库、农村饮水等工程为重点，加大对工程安全规范运行的监管。抓好水利工程建设监管，全面提升工程建设质量，同时要健全水利市场监管机制，推行"双随机、一公开"动态化监管模式，引导水利建设市场良性发展。四是强化对水土保持的监管。充分运用高新技术手段开展监测，实现年度水土流失动态监测全覆盖和人为水土流失监管全覆盖，及时掌握并发布全国及重点区域水土流失状况和治理成效，及时发现并查处水土保持违法违规行为，有效遏制人为水土流失。五是强化对水利资金的监管。以资金流向为主线，实行对水利资金分配、拨付、使用的全过程监管，严厉打击截留、挤占、挪用水利资金等行为，确保资金得到安全高效利用。六是强化对水利行政事务工作的监管。将党中央、国务院作出的重大决策部署，水利部党组作出的重要决定安排，水利政策法规制度作出的规范性要求，水利改革发展中的重点任务及其他需要贯彻落实的重要工作，全面纳入监管范围，严格落实责任追究制度，对不作为、慢作为、乱作为的责任主体进行严肃追责问责。

第三章 相关领域监督制度体系及制度制定实施的经验借鉴

一、自然资源监督制度体系及制度制定实施情况

（一）自然资源监督制度体系

2018年，国务院机构改革后成立自然资源部，履行全民所有土地、矿产、森林、草原、湿地、水、海洋等自然资源资产所有者职责和所有国土空间用途管制职责。自然资源部涉及的监督职责范围较广，包括自然资源和不动产确权登记监督、自然资源市场监管、国土空间规划监督、矿产资源利用和保护监督等。通过整合各监管领域的法律、法规、规章制度，形成了自然资源领域的监督制度体系，为自然资源领域监督工作的顺利开展提供了保障作用。

自然资源领域的监督制度体系，按照立法层级可以分为三个层次。第一层为专项法律，包括国土、水利、农业、林业、海洋等领域的单行法，其中以法律条文的形式对监督管理的内容进行了明确，是各领域监督职能开展的法律基础；第二层为行政法规，国务院在原有法律框架下，陆续颁布了各业务领域的行政法规及规范性文件，以进一步明确行政监督职能；第三层为部门规章及规范性文件，为了进一步细化各业务领域行政监督职能，近年来自然资源领域各业务司局出台了诸多关于监督工作的部门规章及规范性文件，以保障实际监督工作的顺利有效开展。这些法律、法规、规章及规范性文件，共同构成了自然资源领域的监督制度体系。

按照类别分类，可以将自然资源领域的监督制度体系大致分为两类。第一类为专业类制度，包括《中华人民共和国土地管理法》《中华人民共和国矿产资源法》《中华人民共和国土地管理法实施条例》《中华人民共和国矿产资源法实施细则》等。专业类制度主要包括自然资源各业务领域的基本法律法规，是以上位法及行政法规的形式对自然资源各领域监督工作作出了总体性规定，是各领域监督工作开展以及其他监督制度制定的基本遵循。专业类制度所规定的内容是自然资源监督工作中最为基本的内容，对各领域监督工作的监督主体、监督职责、监督对象、监督手段、监督内容、处罚措施、法律责任等内容进行了明确规定。第二类为程序类制度，作为专业类制度的补充与细化，对自然资源各领域工作开展中涉及的监督检查的内容进行规定。

（二）自然资域监督制度制定情况

1. 专项法律

目前，自然资源领域虽然缺少综合性的法律作为纲领性文件落实《中华人民共和国宪法》中关于自然资源管理条款的具体内容，但通过整合原国土资源、水利、农业、林业等领域的专项法律，基本形成了较为完善的法律体系，以上各专项法律均对各领域监督管理的内容作出了明确规定。自然资源领域的专项法律包括《中华人民共和国土地管理法》《中华人民共和国矿产资源法》《中华人民共和国草原法》《中华人民共和国森林法》《中华人民共和国海岛保护法》《中华人民共和国海洋环境保护法》《中华人民共和国海域使用管理法》《中华人民共和国深海海底区域资源勘探开发法》《中华人民共和国城乡规划法》《中华人民共和国城市房地产管理法》《中华人民共和国测绘法》《中华人民共和国防沙治沙法》等。《中华人民共和国土地管理法》作为国家土地资源管理领域的基本法律，对于监督检查部分具有较为详细的规定，于 2019 年 8 月进行了修订，并于 2020 年 1 月 1 日实施。现以《中华人民共和国土地管理法》为例，对自然资源领域的监督制度进行分析解读。

《中华人民共和国土地管理法》对于土地管理和监督工作的监督主体、监督职责、监督对象、监督手段、监督内容、处罚措施、法律责任等内容进行了全面具体的规定，并将土地督察制度正式写入《中华人民共和国土地管理法》，明确由国务院授权的机构对省、自治区、直辖市人民政府以及国务院确定的城市人民政府土地利用和土地管理情况进行督察。关于监督主体及职责，第一章第五条明确规定"国务院自然资源主管部门统一负责全国土地的管理和监督工作。县级以上地方人民政府自然资源主管部门的设置及其职责，由省、自治区、直辖市人民政府根据国务院有关规定确定。"《中华人民共和国土地管理法》将"监督检查"独立成章，第六章第六十七条至第七十三条单独规定了监督对象、监督手段、处罚措施等内容。关于监督对象及内容，第六十七条规定"县级以上人民政府自然资源主管部门对违反土地管理法律、法规的行为进行监督检查；县级以上人民政府农业农村主管部门对违反农村宅基地管理法律、法规的行为进行监督检查。"关于监督手段，第六十八条明确规定了，县级以上人民政府自然资源主管部门履行监督检查职责时有权采取的措施，措施可总结提炼为：检查单位可以要求被检查单位提供相关文件资料，并说明情况；可进入被检查单位进行勘测，并责令违法单位停止违法行为。本条规定的四项措施均为强制性措施，被检查的单位或者个人必须遵守，县级以上人民政府自然资源主管部门视情况采用措施，且必须符合法律规定，不得随意扩大适用范围、超越法律赋予的权限，或采用其他法律未允许采用的强制措施。检查机关发现问题后，将根据法律规定对责任主体进行相应处罚，关于处罚措施，第七十一条至第七十三条进行了明确规定：国家工作人员存在违法行为的，应当依法处理；存在土地违法行为并构成犯罪的，应当给予行政处罚；而有关自然资源主管部门不给予行政处罚的，由上级人民政府自然资源主管部门责令有关自然资源主管部门作出行政处罚决定或者直接给予行政处罚，并给予有关自然资源主管部门的负责人处分。关于法律责任，第七十四条至八十三条明确了监管对象的各类违法行为及其相应的法律责任，并通过规定实现了行政责任与刑事责任相衔接。第八十四条还明确规定，"自然资源主管部门、农业农村主管部门的工作人员玩忽职守、滥用职权、徇私舞弊，构成犯罪的，依法追究刑事责任；尚不构成犯罪的，依法给予处分"。在监督检查制度中对行政管理人员责任追究进行规定，有利于强化监管部门的工作履职意识和担责意识，进一步推动其按法律规定落实主体责任，从而发挥土地管理监督检查的实际效能，自上而下对土地管理环境的肃清起到积极作用。

2. 行政法规

在自然资源方面，除了各项专项法律对不同领域进行了全面、专业的制度规定，国家在自然资源专项法律的整体框架之下出台了一系列行政法规，进一步落实自然资源主管部门在各业务领域的监管责任，这些行政法规是对该领域原有的专项法律的补充和发展，其主要以各领域更加精细化的问题为对象进行制度建设，包括但不限于《中华人民共和国土地管理法实施条例》《土地调查条例》《土地复垦条例》《不动产登记暂行条例》《基本农田保护条例》《中华人民共和国矿产资源法实施细则》《矿产资源勘查区块登记管理办法》《矿产资源开采登记管理办法》《地质资料管理条例》《地质灾害防治条例》《基础测绘条例》《地图管理条例》等。仍以土地管理方面的行政法规为例。在土地管理方面，国务院根据《中华人民共和国土地管理法》（简称《土地管理法》）制定了《中华人民共和国土地管理法实施条例》（简称《土地管理法实施条例》），作为前述专项法律的补充和细化，并对监督检查的内容进行了进一步完善，具体体现在监督主体、监督手段、处理措施、法律责任几方面。一是增加对监督主体的资格限制。第五章第三十一条规定："土地管理监督检查人员应当经过培训，经考核合格，取得行政执法证件后，方可从事土地管理监督检查工作。"资格限制有利于使土地管理监督检查成为具有专业性、技术性、权威性和有尊严的行政工作领域。二是实现监督手段的多样化。第五章第四十八条补充，自然资源主管部门可以询问违法案件的当事人、嫌疑人和证人；可以进入被检查单位或者个人非法占用的土地现场进行拍照、摄像；可以责令当事人停止正在进行的土地违法行为；可以对涉嫌土地违法的单位或者个人，在调查期间暂停办理与违法案件相关的土地审批、登记手续；可以责令违法嫌疑人或单位在调查期间不得变卖、转移与案件有关的财物。补充的监督手段增加了土地行政主管部门询问检查对象、现场取证等权力，且对于监督检查对象的处理结果不再仅局限于检查所直接涉及的对象，而是扩大到日常审批流程、其他相关财物，从而加强了监督力度。三是明确了土地管理监督检查中适用的行政处分的种类和权限。第五章第四十九条对此规定"应当按照管理权限由责令作出行政处罚决定或者直接给予行政处罚的上级人民政府自然资源主管部门或者其他任免机关、单位作出"。四是细化法律责任，增强责任追究的可操作性。第六章，法律责任一章，对《土地管理法》规定的罚款额度等进行了明确，相关规定有"依照《土地管理法》第七十四条的规定处以罚款的，罚款额为违法所得的 10% 以上 50% 以下""依照《土地管理法》第八十一条的规定处以罚款的，罚款额为违法所得的 10% 以上 30% 以下"等。为法律责任追究设置可量化的标准，是规范责任追究具体内容的又一举措。

3. 部门规章

为了进一步细化自然资源领域部门监管职能，弥补目前法律法规中的监管制度空白，在部级层面存在大量的部门规章，对各类监督管理职能进行规范，相关文件包括但不限于《国土资源执法监督规定》《国土资源行政复议规定》《土地利用总体规划管理办法》《土地调查条例实施办法》《土地复垦条例实施办法》《节约集约利用土地规定》等。这些涉及自然资源监督制度的部门规章多是在集合现有执法工作相关文件规定的基础上，又根据实践要求及时作出了一些新的规定。以《国土资源执法监督规定》为例。一方面，《国土资源执法监督规定》将散见于国土资源法律、法规、规章和规范性文件中有关执法方面的核心内容要求进行了系统梳理，汇集到一个规章当中，便于工作于法有据、有章可循，其具体条款充分吸收了现有法律、法规及规范性文件当中行之有效的核心内容。另一方面，《国土资源执法监督规定》又根据执法实践，规定了新的内容，包括明确执法监督的概念，作出了国土资源主管部门委托队伍行使执法监督职责的规定，从而解决了队伍执法的执法身份问题，对执法证件管理作出全面规定，在具体操作层面首次将执法全过程记录、执法公示、法制审核三项制度纳入规章，从考核主体、考核对象、考核结果等方面对执法工作的考核评议作出规定。

（三）自然资源监督制度实施情况

自然资源领域，《自然资源部职能配置、内设机构和人员编制规定》将原有的国家土地督察制度升级强化成为国家自然资源督察制度，进一步强化了自然资源部对于自然资源勘测、利用、确权登记的监督职能，随后自然资源部下属派出机构、各省级自然资源厅也陆续出台了新的"三定方案"，细化各自的行业监督职责，基本确定了我国当前的自然资源监督管理体制框架。新的体制架构下，监管机构设置更加合理、自然资源领域监督执法力量统筹协作，中央与地方监督体制得到完善，监管队伍职责明确、素质得到提升。此外，自然资源领域的相关违法处罚力度较大，在处理具体领域的重点问题时，自然资源监督管理职能得到强化。

第一，自然资源部进行了机构、职权和队伍的合理调配。一是设立国家自然资源总督察办公室，负责国家自然资源督察相关工作，其主要职责包括：完善国家自然资源督察制度；拟订自然资源督察相关政策和工作规则；指导和监督检查派驻督察局工作；协调重大及跨督察区域的督察工作；根据授权承担对自然资源和国土空间规划等法律法规执行情况的监督检查工作。二是专设自然资源调查监测司、耕地保护监督司、矿产资源保护监督司以及海洋预警监测司，按照各领域业务特点，明确其统筹负责相关领域的监督工作。例如，自然资源调查监测司侧重于水、森林、草原、湿地资源和地理国情等专项调查监督评价工作；耕地保护监督司突出对于负责永久基本农田划定、占用和补划的监督管理；矿产资源保护监督司通过建立矿产资源安全监测预警体系强化矿产资源监督；海洋预警监测司通过风险防控监督的方式开展海洋生态预警监测、灾害预防和隐患排查治理。其他各司则对发现的问题进行督促整改，确保业务领域的监督全覆盖，避免部门间监督职责交叉。执法局为自然资源部本级的执法机构，指导协调全国违法案件调查处理工作，协调解决跨区域违法案件查处。三是在全国范围内按片区设立派出机构，代表国家自然资源总督察履行自然资源督察职责，同时成立海区局，负责监管对应海区的海洋自然资源。四是加强监管队伍建设，自然资源部各片区督察局和各海区局是自然资源部监管队伍的主要组成部分，按照自然资源部的统一部署，开展各项交办的监督检查工作。

第二，中央与地方在自然资源监管方面相互协调、积极联动。各省级自然资源厅根据当地情况，对照自然资源部机构设置情况，设立自然资源调查监测处、耕地保护监督处、矿产资源保护监督处等专职监督处室，负责辖区内的自然资源监督工作，执法监管局则负责监督指导本行业综合行政执法工作。不同的监督检查执法力量具有不同的层级划分，其中层级最高的是国家自然资源督察机构，其与各级自然资源部门内设的执法监督检查队伍、省级自然资源督察队伍、专业督察执法队伍是相互配合、督促协作的关系。在国家自然资源总督察、副总督察的统一领导下，国家自然资源总督察办公室承担强化统筹协调的职能。在各领域自然资源的监督检查工作中，不同的监督检查执法力量各有职责、权限、区域、对象，但为了规范自然资源领域发展，其通过职能分工、相互协调，能够有效解决监督管理工作中曾存在的监管主体职能交叉、执法效率低下等问题。

第三，现有国家自然资源监督管理人员专业素质较高，整体执法水平提升。在自然资源监督管理制度从宽到严的转变之际，建设一支具备相应专业知识、综合能力优秀的监管队伍尤为重要。面对国家自然资源监管的新形势与相关制度对主体监管赋予的新任务，如何提升整个队伍的综合执法水平成为亟待解决的问题之一。现有国家自然资源监管人员，主要来源于面向全社会的公考招录和原国土资源系统的招考、调配人员，其所学专业或工作经历大多与自然资源管理具有关联性。在队伍各监管人员的配备上，根据不同自然资源、不同区域的工作繁重与难易程度，为执法队伍设置更为科学的执法规模，以及更为灵活的薪酬奖励制度，以进一步调动监管人员的积极性和主动性。

第四，监管职能方面，面对自然资源监督管理的新形势和新任务，自然资源违法问题处罚力度加大，监管职能得到强化。在当前的自然资源监督管理制度下，以国家自然资源督察为主要手段的自然资源监督工作进展顺利，对违法行为规定了具体、对应的法律责任，责任追究制度完善。例如，2018年，自然资源部开展了首轮国家自然资源督察，通过查处了16起重大案件，包括土地案件6起、海洋案件2起、矿产案件4起、林业案件4起。其中，河北省邢台市南和县金阳建设投资有限公司非法占地建设农业嘉年华项目案、山西省忻州市保德县旭阳洗煤有限责任公司非法占地建设洗煤厂案、云南省昭通市昭阳区旧圃镇沙坝村民委员会非法占地建设挖机租赁市场案，已被依法移送公安机关追究刑事责任。2019年，自然资源部对原国土资源部共挂牌督办土地、矿产违法89起案件的处理落实情况进行了督察"回头看"，进行了再核实、再确认、再督办，发现河北、山西、河南、湖北、新疆5个省级自然资源主管部门和石家庄、晋中、郑州、京山市4个地方政府，存在落实挂牌督办处理意见不力等问题，对相关责任人进行了责任追究。

二、生态环境监督制度体系及制度制定实施情况

（一）生态环境监督制度体系

生态环境部的监督工作涉及范围众多，包括重大生态环境问题的统筹协调和监督管理、环境污染防治的监督管理、核与辐射安全的监督管理、生态环境准入的监督管理、中央生态环境保护督察、生态环境监督执法等。因此，生态环境部历来高度重视立法等制度建设工作。从20世纪80年代开始，以《中华人民共和国环境保护法》为纲领，生态环境部出台了大量涉及生态环境保护的法律、法规、规章等制度，对生态环境保护主管部门的监督职责、监督内容、责任追究等内容作出了明确的规定。这些法律条文及规章制度共同构成了生态环境领域的监督制度体系，为各项生态环境监督工作的有序开展提供了强有力的制度依据、支撑与保障。

按照立法层级，可以将生态环境领域的监督制度体系细化为五个层次。第一层为《中华人民共和国环境保护法》，它是生态环境领域具有跨领域性质的基础性、根本性、综合性的法律，对生态环境领域监督管理的内容进行了明确的规定，并以立法的形式进行固化。第二层为专项法律，包括水、大气、土壤、固体废物、海洋等领域内的单行法，在《中华人民共和国环境保护法》的框架之下，对各领域监督管理内容进行规定。第三层为行政法规及国务院规范性文件，在法律体系之下出台的行政法规及规范性文件，作为法律的补

充与延伸，对生态环境领域的监督管理职能进行进一步细化。第四层为部门规章及部门规范性文件，进一步落实了生态环境领域的监管职能，为实际监督工作提供制度依据与保障。第五层为党内法规，《中央生态环境保护督察工作规定》等党内法规作为近年来中央生态环境督察的重要制度依据，全面落实了"党政同责、一岗双责"的主体责任制度，保障了中央生态环境督察制度的落地落实，发挥了极大的震慑作用。

按照类别可以将生态环境领域的监督制度体系大致分为三类。第一类为基础类制度，包括《中华人民共和国环境保护法》《中央生态环境保护督察工作规定》。《中华人民共和国环境保护法》作为生态环境领域的基础性、根本性、综合性法律，具有跨领域特性，对生态环境各个领域的监督管理的内容进行了总体性的规定。而《中央生态环境保护督察工作规定》是国家生态环境保护督察的基本工作规定，对生态环境督察主体、对象、内容、职责、程序、纪律等内容进行了明确规定，通过制度规定形成了一套较为完善的督察制度。第二类为专业类制度，包括《中华人民共和国海洋环境保护法》《中华人民共和国大气污染防治法》《中华人民共和国水污染防治法》《中华人民共和国土壤污染防治法》《中华人民共和国固体废物污染环境防治法》等基本法。这一类型制度是基础类制度在各领域的补充与细化，在《中华人民共和国环境保护法》的框架之下，依据各领域监督工作的特点，对监督主体、内容、手段、责任等进行了不同的规定。第三类为程序类制度，包括《放射性废物安全管理条例》《城镇排水与污水处理条例》《规划环境影响评价条例》等行政法规，以及《排污许可管理办法（试行）》《建设项目环境影响报告书（表）编制监督管理办法》等部门规章，对各领域各项工作涉及的监督内容进行了明确。

（二）生态环境监督制度制定情况

1.《中华人民共和国环境保护法》

2014年4月，第十二届全国人大常委会第八次会议审议通过了《中华人民共和国环境保护法》（简称《环境保护法》）的修订，并于2015年1月1日起正式实施。新《环境保护法》作为生态环境领域的基础性、纲领性法律文件，主要汲取实践经验、面对实践困境，对环境监督工作涉及的监督主体、监督职责、监督对象、监督手段、监督内容、处罚措施、考核评价、法律责任等内容均作出了明确的规定,其与修订前相比具有更加具体的条文内容、更为规范的制度设置以及更加严格的监督管理和责任追究。具体包括以下条文:一是明确监督主体及其相应职责。第一章第十条规定,国务院环境保护主管部门,对全国环境保护工作实施统一监督管理;县级以上地方人民政府环境保护主管部门,对本行政区域环境保护工作实施统一监督管理。二是推动监督手段及处罚措施细化。第二章第二十四条、第二十五条明确,县级以上人民政府环境保护主管部门及其委托的环境监察机构和其他负有环境保护监督管理职责的部门,有权对排放污染物的企业事业单位和其他生产经营者进行现场检查,并可以查封、扣押造成污染物排放的设施、设备。三是实行环境保护目标责任制,建立考核评价机制。第二章第二十六条规定,县级以上人民政府应当将环境保护目标完成情况纳入对本级人民政府负有环境保护监督管理职责的部门及其负责人和下级人民政府及其负责人的考核内容。考核评价机制有利于从监督管理部门内部产生督促作用,通过考核结果对行政部门形成压力,促使其及时调整行为、积极履行监管职责。四是明确政府对环境保护的监督管理职责与积极推动社会监管,对各类环境违法行为的法律责任作出相应规定。新法确立了多重的监督机制,既明确了政府的保护监督管理职责,还规定通过社会监督,包括公众参与、公益诉讼、民主监督等方式,集全社会之力,共同保护环境。一方面,第六章第六十七条、第六十八条规定,上级部门应当加强对下级部门环境保护工作的监督;下级部门有关工作人员有违法行为,依法应当给予处分的;应当给予行政处罚而下级部门不予处罚的,上级部门可直接作出行政处罚。各级环境保护主管部门监管失职应承担法律责任。另一方面,新《环境保护法》更加注重社会监督的部分,突出了信息公开和公众参与的作用。第五章,作为对信息公开和公众参与进行专门规定的独立章节,对各级环境保护主管部门信息公开的要求作出细节性规定,并明确"公民、法人和其他组织发现任何单位和个人有污染环境和破坏生态行为的,有权向环境保护主管部门或者其他负有环境保护监督管理职责的部门举报""公民、法人和其他组织发现地方各级人民政府、县级以上人民政府环境保护主管部门和其他负有环境保护监督管理职责的部门不依法履行职责的,有权向其上级机关或者监察机关举报"等内容。

2. 专项法律

生态环境领域涉及的监管领域众多,包括大气、水、海洋、土壤、噪声、光、固体废物、化学品等各类污染物的防治及其监督管理。由于各领域污染物属性不同，其对应的监管内容、监管手段具有差异性，因此在以《中华人民共和国环境保护法》作为总体纲领的基础之上，又通过专项立法在各领域分别出台了相应的专项法律制度，以保障各领域环境保护监督工作更加具有针对性地开展。目前，生态环境领域现行的专项法律共计12部，包括《中华人民共和国海洋环境保护法》《中华人民共和国大气污染防治法》《中华人民共和国水污染防治法》《中华人民共和国土壤污染防治法》《中华人民共和国固体废物污染环境防治法》《中华人民共和国环境噪声污染防治法》《中华人民共和国放射性污染防治法》《中华人民共和国环境影响评价法》《中华人民共和国清洁生产促进法》《中华人民共和国循环经济促进法》《中华人民共和国环境保护税法》《中华人民共和国核安全法》。各专项法律在《环境保护法》的框架之下对在各领域的相关规定进行了细化，具体条文对各领域监督工作的监督主体、监督职责、监督对象、监督手段、监督内容、处罚措施、法律责任等内容进行了明确规定，以上12部专项法律与《环境保护法》共同搭建起了生态环境领域监督制度较为完整的法律体系框架。

3. 行政法规

在各领域专项法律之下，生态环境部出台了一系列行政法规，进一步落实环境保护实际工作中的监管职责。如《中华人民共和国防治海岸工程建设项目污染损害海洋环境管理条例》《防治海洋工程建设项目污染损害海洋环境管理条例》《民用核设施安全监督管理条例》《民用核安全设备监督管理条例》《危险化学品安全管理条例》《放射性废物安全管理条例》《城镇排水与污水处理条例》《规划环境影响评价条例》等，其中均有具体条文对实际的监督工作进行了明确规定，并根据职能部门在日常监督管理工作中的实际需要和督促监管部门严格履职的新要求，行政法规对于落实地方环境保护主体责任、严格责任追究、强化社会监督等内容作出了具体规定。

4. 部门规章

为了细化生态环境领域部门职能，将法律、法规、规章与现实实践紧密衔接，弥补监督管理工作的既有漏洞，在部级层面又出台了大量的部门规章，对各类监督管理职能进行规范。如《污染地块土壤环境管理办法（试行）》《农用地土壤环境管理办法（试行）》《工矿用地土壤环境管理办法（试行）》《排污许可管理办法（试行）》《建设项目环境影响报告书（表）编制监督管理办法》《建设项目环境保护事中事后监督管理办法（试行）》《环境保护部政府采购活动监督管理暂行办法》《环境保护公众参与办法》《环境影响评价公众参与办法》《环境监察执法证件管理办法》《放射性物品运输安全监督管理办法》。各项部门规章中均对环境保护主管部门的监管权限、内容、手段，以及上级部门对下级的监管进行了规定。

5. **党内法规**

2015年8月，中共中央办公厅、国务院办公厅联合印发了《党政领导干部生态环境损害责任追究办法（试行）》，明确由地方各级党委和政府对本地区生态环境和资源保护承担总体责任，党委和政府主要领导成员承担主要责任，对党政领导干部生态环境损害责任实行终身追究制，并对责任追究的情形作出了明确的规定，强化了地方党政生态环境保护的主体责任。

2016年12月，中共中央办公厅、国务院办公厅再次联合印发了《生态文明建设目标评价考核办法》，明确规定对省级党政主体进行生态文明建设目标评价考核，强调将考核结果作为各省党政领导班子和领导干部综合考核评价、干部奖惩任免的重要依据，对考核不合格的地区，进行通报批评，并约谈其党政主要负责人，提出限期整改要求；对生态环境损害明显、责任事件多发地区的党政主要负责人和相关负责人，无论是否调离、提拔、退休，均应依照规定一一追责。

2019年6月，中共中央办公厅、国务院办公厅联合印发了《中央生态环境保护督察工作规定》。《中央生态环境保护督察工作规定》作为我国环境保护领域的第一部党内法规，在对内方面，对督察组及其工作人员明确了更加严格的政治纪律和政治规矩，在对外方面，对被督察对象树立了生态环境保护督察的权威性。该党内法规从组织机构和人员、对象和内容、程序和权限、纪律和责任等方面对中央生态环境保护督察工作的具体内容进行了明确，并首次将"党政同责、一岗双责"的责任承担方式法治化，极大地推进了中央生态环境保护督察制度向纵深发展。在督察体制方面，第七条、第八条、第九条规定了中央生态环境保护督察工作领导小组和督察办公室的组成及职责范围，厘清了各自的工作重点和责任范畴；第十一条、第十二条确定了中央生态环境保护督察组成员的资格条件及规范队伍建设的基本要求，优化了督察队伍的建设；第五章全章规定了中央生态环境保护督察工作的纪律内容和责任承担。在督察机制方面，生态环保督察被细化为"两级三类"，第五条明确中央生态环境保护督察包括例行督察、专项督察和"回头看"三类；第二条、第十四条明确，中央生态环保督察分为中央一级和省一级，中央一级指导省级生态环境保护督察，同时也可以下沉至地市级党委和政府及其职能部门，并进一步将国务院有关部门和中央企业列入被督察的范围内；第四章对督察准备、进驻、报告、反馈、移送移交、整改落实和归卷归档等一系列督察环节进行了明确规定，形成了规范有序的督察程序和权限划分。

综上可见，生态环境领域具有一整套较为完善的监督制度体系，以《环境保护法》为总纲，包括12部专项法律，若干行政法规、部门规章、党内法规。生态环境领域监督制度建设具有以下特点：一是重视制度建设工作，并积极通过立法手段将监督制度法治化。环境立法工作开展较早，早在1979年就已经颁布了第一部《中华人民共和国环境保护法（试行）》，随后各领域的专项法律法规也启动了立法程序并相继出台，为生态环境监督工作提供了坚实的法治基础。在此基础上，一系列法律、法规、规章相应出台，将生态环境领域监督制度细化到具体的工作中。二是重视信息公开与公众参与的内容。近年来，生态环境领域更加突出社会公众参与的重要作用，大部分的法律、法规、规章中均对监督工作中的信息公开、公众参与等内容作出了明确的规定。三是处罚措施有效。处罚措施的核心即通过制度设计使违法成本大于违法收益，从根源上解决违法问题。目前，生态环境领域的法律条文在处罚措施方面以加大违法成本作为核心理念，是具有创新性的行政处罚规则。环保部门在决定罚款数额时，要考虑企业污染防治设施的运行成本、违法行为造成的危害后果以及违法所得等因素，使罚款数额相应提高且更加具有针对性，而具体的罚款额度将由专项法律决定。四是，落实"党政同责、一岗双责"。近年来，随着中央生态环境督察制度的深入推进，地方党政领导干部的生态环境主体责任不断强化，"党政同责、一岗双责"的责任承担方式以《中央生态环境保护督察工作规定》等党内法规的形式予以明确，生态领域监督工作也从督企、督政向党政同责过渡，强有力的问责手段促使地方党政官员履行环保职责，从而为生态环境监管创造更加有利的条件。

（三）生态环境监督制度实施情况

为进一步整合分散的生态环境保护职责，解决环境保护管理职责交叉重复等问题，2018年新的生态环境部正式组建，统一负责生态环境监测和执法工作，监督管理污染防治、核与辐射安全，组织开展中央环境保护督察相关工作，积极推进省以下环保机构监测监察执法垂直管理制度。过去几年间，生态环境部根据《生态环境部职能配置、内设机构和人员编制规定》《生态环境部"三定"规定细化方案》建立健全条块结合、各司其职、权责明确、保障有力、权威高效的生态环境保护管理体制，并在生态环境监督管理队伍协调实施、具体督察体制、监管机制三方面作出相应调整。

第一，生态环境部进行了机构、职权和队伍的合理调配。一是按照中央生态环境督察工作要求，设立中央生态环境保护督察办公室。中央生态环境保护督察办公室负责中央生态环境保护督察工作领导小组的日常工作，承担中央生态环境保护督察的具体组织实施工作，主要包括向中央生态环境保护督察工作领导小组报告工作情况，组织落实领导小组确定的工作任务。具体事务，如拟订生态环境保护督察制度、工作计划、实施方案并组织实施，根据授权对各地区、各有关部门贯彻落实中央生态环境保护决策部署情况进行督察问责等。二是进一步明确了各个业务司局在生态环境监督方面，各个重点领域的专业监督职权划分，明确了各项重点工作的监督职责。例如，办公厅负责生态环境部政务综合协调和监督检查，科技与财务司负责生态环境相关的中央财政专项资金项目监督检查工作。综合司、自然生态保护司、水生态环境司等司局均根据各自业务领域的重点工作开展相应的专业监督。生态环境执法局作为部本级的专职执法队伍，负责统一的生态环境执法工作，承担生态环境部直接调查的违法案件审查、处理处罚强制、听证和监督执行工作。三是在全国范围内按片区设立6个区域性督察局，作为生态环境部派出机构，负责本片区内的生态环境保护监管工作。6个区域性督察局包括华北督察局、华东督察局、华南督察局、西北督察局、西南督察局、东北督察局，作为生态环境部派出行政机构，专职负责本片区内的生态环境保护监督工作，主要职能是对地方落实党中央、国务院关于生态环境保护的重大方针政策、决策部署及法律法规情况进行有效监督、协调、推动。同时，这些派出机构也是生态环境部监督队伍的主要力量，按照《中央生态环境保护督察工作规定》要求，中央生态环境督察领导小组组长、副组长由党中央、国务院研究确定，由国家相关领导担任，督察队伍以生态环境部各区域督察局人员为主体，并根据任务需要抽调有关专家和其他人员共同组成中央生态环境保护督察组。

第二，生态环境保护督察实行中央和省级两级督察体制。在地方层面，各省份根据生态环境监管需要，对照生态环境部相关司局的机构设置情况设置相对应的处室，负责辖区内的各项行业监管工作。省级生态环境部门对全省（自治区、直辖市）环境环境保护工作实施统一监督管理，上收市、县两级生态环境部门的环境监察职权，重新整合省级环境监管和行政执法力量，加强监察执法队伍建设，强化对市县生态环境监管。

第三，生态环境保护督察在监管机制方面进行了完善。一方面，始终通过中央和地方主流媒体公开督察相关信息，不断强化社会公众的知情权、参与权和监督权，进而对被督察地方形成强大压力，更好地发挥了环境保护督察综合效应。另一方面，初步构建环境保护党政同责、一岗双责、失职追责的制度体系和工作机制，将生态文明建设作为重大政治责任来担当。启动督察以来，山东、海南、四川、西藏等地印发文件，将资源消耗、环境保护、生态效益等内容纳入干部履职尽责考核评价范畴；31个省（自治区、直辖市）均已出台环境保护职责分工文件、环境保护督察方案以及党政领导干部生态环境损害责任追究实施办法；超过一半的省份由党委和政府主要领导同时担任整改领导小组组长，其他均由党委或政府主要领导担任组长。以第一轮督察为例，督查中共与768名省级及以上领导、677名厅级领导开展个别谈话，对689个省级部门和单位进行走访问询。通过受理并推动解决人民群众举报的环境问题，加强边督边改，强化立行立改。第一轮督察共受理群众信访举报13.5万余件，地方已基本办结。累计立案处罚2.9万家，罚款约14.3亿元；立案侦查1 518件，拘留1 527人；约谈党政领导干部18 448人，问责18 199人，极大地营造了督察氛围，传导了督察压力，提升了地方党委和政府环境保护责任意识。

三、交通运输监督制度体系及制度制定实施情况

（一）交通运输监督制度体系

交通运输领域的管理范围主要涉及铁路、公路、水路、民航以及邮政行业等方面。为了规范交通运输领域的监督管理职能，交通运输领域在各个领域分别出台了一系列的法律法规、部门规章及规范性文件。

按照立法层级，可以将交通运输领域监督制度分为三个层次。第一层为

专项法律，包括铁路、公路、水路、民航以及邮政行业的单行法，其中均有专门的法律条款对监督管理的内容进行了明确规定。第二层为行政法规，在各领域单行法之下，作为法律的补充与延伸，对交通运输各领域的监督管理职能进行进一步细化。第三层为部门规章及部门规范性文件，对各项具体的交通运输监督管理工作进行了进一步的规定。

按照类别，可以将交通运输领域的监督制度大致分为两类。第一类为专业类制度，主要包括《中华人民共和国公路法》《中华人民共和国铁路法》《中华人民共和国民用航空法》《中华人民共和国港口法》等单行法。作为交通运输各领域的基本法，以上位法的形式对各领域的监督管理主体、对象、内容、职责、手段等内容进行了明确规定。第二类为程序类制度，包括《公路安全保护条例》《收费公路管理条例》等在内的行政法规，及《铁路危险货物运输安全监督管理规定》《铁路建设工程质量监督管理规定》等规章制度，作为专业类制度的延伸与细化，依据领域内各项工作的性质、特点不同，分别制定了监督管理的具体制度。

（二）交通运输监督制度制定情况

为了规范交通运输领域的各种行为，促使交通运输监督管理部门更好履行职能，交通运输领域的各个具体领域分别出台了一系列的法律、法规、规章。

1. 专项法律

交通运输领域的监管范围涉及的专项法律包括《中华人民共和国公路法》《中华人民共和国铁路法》《中华人民共和国民用航空法》《中华人民共和国港口法》《中华人民共和国海商法》《中华人民共和国航道法》《中华人民共和国邮政法》等，以上专项法律均对各相关领域监督管理的内容作出了纲领性的规定。以《中华人民共和国公路法》为例，《中华人民共和国公路法》是公路建设管理的基本法律，第七章单独对监督检查的内容作出了明确规定。第六十九条明确规定了公路监管主体"交通主管部门、公路管理机构依法对有关公路的法律、法规执行情况进行监督检查。"第七十条明确其监管职责主要包括，"检查、制止各种侵占、损坏公路、公路用地、公路附属设施及其他违反本法规定的行为。"第七十一条至七十三条对执行公务的公路监管人员提出了明确要求，"公路监督检查人员执行公务，应当佩戴标志，持证上岗。""要求公路监督检查人员熟悉国家有关法律和规定，公正廉洁，热情服务，秉公执法，对公路监督检查人员的执法行为应当加强监督检查，对其违法行为应当及时纠正，依法处理。""用于公路监督检查的专用车辆，应当设置统一的标志和示警灯。"以上3项法律规定主要从公路监督检查的监管主体角度出发予以制度规范，对检查人员的身份公示、执法质量、执法配置等方面提出了具体要求。

2. 行政法规

在各专项法律之下，我国在交通运输领域又出台了一系列行政法规，将监督管理部分作为重点规制内容，以规范交通运输领域行政监督职能，相关的行政法规有《公路安全保护条例》《收费公路管理条例》《道路运输条例》《铁路安全管理条例》《铁路交通事故应急救援和调查处理条例》《中华人民共和国航道管理条例》《国内水路运输管理条例》《中华人民共和国内河交通安全管理条例》《民用航空器适航管理条例》等。以《铁路安全管理条例》为例。为了加强铁路安全管理，2013年国务院颁布了《铁路安全管理条例》，对我国铁路行业监督管理部门的职责、监管内容、监管手段、违法责任等进行了明确规定。关于监督主体，第一章第三条明确规定，"国务院铁路行业监督管理部门负责全国铁路安全监督管理工作，国务院铁路行业监督管理部门设立的铁路监督管理机构负责辖区内的铁路安全监督管理工作。"监督管理的内容涉及铁路建设质量安全、专用设备质量安全、线路安全、运营安全等方面。关于监督检查的具体内容，第六章第七十八条、第七十九条明确铁路监管部门，不仅要对从事铁路建设、运输、设备制造维修的企业执行本条例的情况实施监督检查，还要加强对于运输高峰期及恶劣气象条件下的运输安全监督管理。由于铁路运输安全的重要性与特殊性，第六章第八十条强调，铁路监管部门和县级以上人民政府安全生产监督管理部门应当建立信息通报制度和运输安全生产协调机制，下级部门发现有重大安全隐患或危及铁路安全的重要情况，应及时向上级部门报告。第七章对于各类违法责任进行了规定，并明确铁路监管部门具有行政处罚权，可以对不同违法行为采取责令改正、罚款等行政处罚手段。第十章第一百零四条明确了对铁路监管部门及其工作人员履职的监督，对于不依照本条例规定履行职责的，对负有责任的领导人员和直接责任人员依法给予处分。

3. 部门规章

为了进一步落实并细化交通运输领域部门监管职能，在部级层面又出台了大量的部门规章及规范性文件，以补充现有的法律法规中关于监管制度的不足，对各类监督管理职能进行规范，包括但不限于《铁路危险货物运输安全监督管理规定》《铁路建设工程质量监督管理规定》《高速铁路基础设施运用状态检测管理办法》《铁路工程建设项目招标投标管理办法》《高速铁路安全防护管理办法》《铁路建设工程质量安全监督机构和人员考核管理办法》《铁路专用产品质量监督抽查管理办法》等文件。随着实践发展和相关法律法规陆续出台，其对各交通领域的监督管理提出了新的要求，部门规章与专项法律、行政法规相比，有较强的灵活性，其推行的困难度相对较低，以部门规章形式对相应领域的监督管理进行规定，是贯彻实施相关法律法规、督促监管对象落实安全主体责任、促进行业规范安全管理、强化主体监管的需要，是保障交通领域运输安全和公众生命财产安全的迫切要求。

（三）交通领域监督制度实施情况

2009年，根据《交通运输部主要职责内设机构和人员编制规定》，设立交通运输部，将原交通部的职责，原中国民用航空总局的拟订民航行业规划、政策和标准职责，原建设部的指导城市客运职责，整合纳入，对内设机构、相关职责等方面进行了进一步规范。

第一，交通运输部进行了机构、职权和队伍的合理调配。一是进一步明确各内设机构的监管职责。2018年起，提升行业治理能力、完善行业治理体系成为交通运输部的重大任务，综合交通运输管理体制机制基本形成。国家层面"一部三局"架构基本建立，综合规划司、人事劳动司、公路局、水运局、道路运输司、安全监督司、科技司分别承担各业务领域内的组织协调工作，并对实施情况进行监督。省级层面已有17个省（自治区、直辖市）基本建立了综合交通管理体制或运行协调机制，铁路管理体制改革持续推进，政府监管体系初步建立。二是组建监管专业队伍，定期开展督查检查考核工作。从2019年开始，交通运输部按照中央关于统筹规范督查检查考核工作的有关要求和年度计划，定期开展交通运输综合督查。2019年，交通运输部从部内各司局、部属各单位抽调了100余名政治素质高、业务水平强的同志组成10个部综合督查组，分赴有关省（自治区、直辖市）实地进行督查。综合督查的根本目的是推动党中央重大决策部署落实落地，交通运输部每年组织开展一次重点督查，省级交通运输管理部门每年至少开展一次随机抽查，市县交通运输管理部门每年至少开展一次全面检查。长期而言，既有利于上级交通运输管理部门掌握下级工作情况，全面检视工作，及时作出相关政策调整，又有利于推动下级部门积极落实上级的统一工作要求，形成部省合力、上下联动。

第二，在地方层面，各省设立相应的交通运输工作督查队伍，保障督查工作协调实施。省级层面，成立交通运输工作督查领导小组，负责对督查工作统一领导、统一部署，对督查工作进行管理和监督。交通运输工作督查综合协调职能由厅机关党委承担，抽调工作人员专门负责督查综合协调工作，对领导小组决定事项进行督办，为督查组开展工作提供服务保障，对督查工作人员进行培训、考核、监督和管理，开展政策研究、制度建设等工作。另外，根据具体的督查工作内容，抽调工作人员成立交通运输工作督查组，承担督查任务。督查组向领导小组负责并报告工作，并严格按照督查方案、督查内容和督查程序开展工作。

第三，地方在实施交通运输监督管理过程中，亦愈加重视人才队伍的专业化。多省采取了建立督查组组长库和督查工作人员库的措施，组长库、人员库的成员主要从交通运输系统的纪委监察、组织人事、财务审计及公路建设、公路养护、道路运输、运营收费、质量监督、安全生产、行政执法等相关部门进行选配，并实行动态管理，适时调整补充。督查人员按相应标准条件选定，专业素养较高，有利于相关业务工作的顺利进行。

四、相关经验借鉴

对以上各领域监督制度制定与实施情况进行梳理后，结合我国现阶段水利监督制度的现状，总结了以下经验，以期为完善我国水利监督制度提供借鉴。

（一）立法体系完备

目前，自然资源、生态环境、交通运输三领域通过制定法律、法规、规章，已形成了层级分明、条文完备的制度体系，对监督管理工作的实施起到了规范指引作用，各层级法律文件具有不同的特点和功能。第一，专项法律层面，其法律位阶较高，主要对各相关领域监督管理的内容作出纲领性规定。上述三领域各专项立法文件主要整合了原有分支领域的其他专项规定，以监管对象的不同分类为编订标准，具有较强的综合性，其完善的法律制度规定能够保障各领域环境保护监督工作有据可依。第二，行政法规层面，对原有专项法律进行补充发展，聚焦微观问题进行规制。在各领域专项法律之下，以上三个领域亦出台了一系列行政法规，进一步落实实际工作中的监管职责，对各领域具体问题予以详细规定。如自然资源监督管理聚焦农业、林业、原国土资源等领域，生态环境监督管理关注海洋环境、大气、土壤、固体废物等对象的污染防治问题，交通运输聚焦如何为公路、铁路、民用航空、港口等领域提供安全保障。第三，部门规章层面，弥补既有缺陷，与法律、法规紧密衔接。三个领域颁布的部门规章进一步细化了监督管理部门的职能，并及时针对法律、法规在实践中出现的疑义作出相应回应，专门领域部门规章的制定能够使监督管理在法律、法规、规章的统一框架之下更加具有针对性地开展。

（二）制度框架合理

以上三个领域的相关法律文件均建构了完善的制度框架，并在内容上有所侧重，不同法律文件对各领域存在的主要问题作出了重点规制，具体如下：在框架设置上，上述提到的法律文件均对监督主体及职责、监督对象、监督内容及手段、处罚措施、法律责任等内容进行了全面具体的规定，清晰的条文设置不仅使监督管理人员在执法时具有相应的法律依据，也易于行政相对人理解从而产生合理的违法预期、减少违法行为。在具体内容中，法律框架下的各部分规定复杂程度不同，一般而言，各领域法律文件大多对监督手段、处罚措施、法律责任三部分作了详细规定，并针对实践中产生的主要问题在各部分进行专门回应。例如，《土地管理法实施条例》针对土地行政主管部门执法权力欠缺的问题，在补充的监督手段中增加了询问检查对象、现场取证等权力，并加大对违法对象的处理强度。《国土资源执法监督规定》针对规范执法行为的要求，在具体操作层面首次将执法全过程记录、执法公示、法制审核三项制度纳入规章。《环境保护法》基于生态环境监管复杂、涉及利益多样的现状，在原有的法律框架之上通过修订重点突出了信息公开和公众参与的作用，明确了举报途径、社会监督等内容。

（三）处罚措施全面

在加强监督管理的要求之下，自然资源、生态环境、交通运输三领域的法律、法规、规章所规定的处罚措施日趋全面，具体有以下三点值得我国水利监督制度借鉴。一是细化违法行为，将处罚措施与违法行为相对应。通过以上对各领域法律文件的梳理可知，随着社会经济发展，违法行为趋于多样化，如何定性违法行为以及规定合理适当的处罚措施是各法律文件在监督检查方面主要解决的问题。目前，三个领域多数法律文件的处理方式是对不同违法行为进行列举式说明，并在其后一一规定对应的处罚措施，使行为与责任紧密衔接，从而便于后续执法工作的开展。二是实现处罚措施可量化，增强处罚的规范性与可行性。在处罚措施方面，法规、规章在专项法律的规定之下，多考虑不同监督管理部门与地方工作实践情况、经济发展状况等多种因素，在法律规定的给予行政处罚的行为、种类和幅度的范围内作出具体规定。如《土地管理法实施条例》《公路安全保护条例》等文件，在罚款额度上根据违法行为的损害程度不同进行了相应幅度的区分。由此，法律责任追究具有了更加明确的标准，有利于发挥监督管理的威慑力和增强监管工作责任追究部分的可行性。三是严格追究监督主体责任，促进主体积极履职。除了对外对违法主体进行责任追究外，相关法律文件在监督检查部分多对行政管理人员的责任追究进行了规定，处罚措施包括进行纪律处分、追究刑事责任等，落实监管人员的责任追究有利于强化监管部门工作的履职意识，发挥监督检查的实际效能。

（四）监管机构专门化

自然资源部、生态环境部以整合分散的自然资源、生态环境保护职责为目标，根据加强监管的需要，均单独设立了督察办作为部门内设机构，承担中央生态环境保护督察和国家自然资源督察的领导、组织和协调行业监管工作。国家自然资源总督察办公室主要指导和监督检查派驻督察局工作，协调重大及跨督察区域的督察工作，全面负责国家自然资源督察的各项具体工作，具体监管工作由自然资源部业务司局负责。中央生态环境保护督察办公室主要负责督察政策落实、督察制度计划制定与实施、督察及督察组的组织协调、督察问责追责、归口联系区域督察机构、承担国务院生态环境保护督察工作领导小组日常工作，各业务领域监管工作交由业务司局承担。两部委督察办作为内设机构实际上均履行了部委专职综合监督机构的职能，并在工作中与各业务监督部门相配合，共同开展行业监管检查。将督查办作为部门内设机构，赋予其专职综合监管的职能，并明确其负责重大及跨督察区域的督察工作，有利于推动行业监督的协调实施，确保不同内容的监管工作顺利开展，以及避免部门间重复工作、提升中央与地方的监管效率。

（五）监管格局全面化

一方面，在机构设置上，强化了地方部门与部委机构设置上的有效衔接，从而保障地方行业主管部门能够及时开展部委交办的各项监管工作和任务，保障各项行业监管政策、制度在地方能够有效贯彻。例如，生态环境部设立了中央生态环境保护督察办公室，负责拟定督察制度、承担中央生态环境保护督察及中央生态环境保护督察组的组织协调工作等。与之相对应，各省级生态环境厅也设有生态环境保护督察办公室，具体负责生态环境保护督察制度、工作计划、实施方案的实施，承担本辖区内的生态环境保护督察组织协调工作，并为中央生态环境督察提供有力支撑。这是确保中央生态环境督察能够在全国范围内有效开展的重要体制保障。设立与部委相对应的地方主管部门内部的监管机构，有利于监管工作从中央快速下达地方，并在规定时间内及时、统一开展。

另一方面，派出机构的设立是确保部委监督实现区域全覆盖、业务全覆盖的又一举措，其兼顾有效贯彻部委监管要求和全面了解片区情况的优势，有利于对地方落实党中央、国务院关于生态环境保护及自然资源利用及保护的重大方针政策、决策部署及法律、法规执行情况进行有效监管。自然资源部与生态环境部均按片区设置了派出机构并明确其监管职责。其中，生态环境部设置覆盖全国的6个片区督察局，各片区督察局又按省份分别设立了督察一处、督察二处等，承担对应省份的生态环境保护督察工作。自然资源部派出机构除9个片区督察局外，还设立了自然资源部北海局、自然资源部东海局、自然资源部南海局3个海区局。上述派出机构按照部委统一部署，积极执行所管辖片区的监督检查任务，是行业监管的重要力量。明确派出机构的监管职能定位，是各个部委行业监管工作安排得以有效落实的必要条件，有利于形成统一领导、上下联动的行业大监管格局，对完善水利行业监管管理体制具有一定的参考借鉴价值。

（六）配套制度完善化

一是生态环境部、自然资源部、交通运输部均在部门规章中对督查队伍的管理措施、工作要求和纪律要求进行了明确规定，并以此为依据，在机构改革后均积极组建职业化、技术化的监管队伍，推动监管队伍能力建设，完善监管队伍保障措施和技术支撑，极大程度提高了监管检查效率。生态环境部以片区督察局的240名生态环境相关专业工作人员为主体，抽调相关行业专家构建中央生态环境保护督察组，同时配以专业车辆、设备，确保中央生态环境督察有效开展。自然资源部督察组以9个片区督察局，336名督察工作人员以及3个海区局，196名督察工作人员作为督察队伍的主要力量，为国家自然资源督察提供有力支撑。交通运输部加强队伍建设，通过重点充实基层一线监管和执法人员，完善基层监管队伍激励机制，严格监管执法人员资格管理，建立实施监管执法人员考试录取、入职培训、持证上岗和定期轮训制度等一系列措施，进一步健全监管机构，优化人员结构，加大专业化人才引进和培养。二是评议考核制度的完善。交通运输领域、生态环境领域均出台了关于工作人员履职尽责评议考核的相关工作文件。交通运输各部门、各单位每年1月份将上年度工作进展情况报国务院安全生产委员办公室，省级交通运输主管部门和部直属单位每年的攻坚行动开展情况将作为平安交通年度考核评价的重要内容，国务院安全生产委员办公室将按年度通报考核评价结果。中央生态环境督察工作启动以来，多省根据地方实践以及生态环境领域的主要违法问题和关注指标，将资源消耗、环境、保护、生态效益等因素纳入了干部履职尽责考核评价范畴。

第四章 水利监督制度体系建设需求分析

一、水利监督制度体系的内涵

（一）水利监督制度体系的基本内涵

构建新时代水利监督制度体系，首先要明确水利监督制度体系的基本内涵。《辞海》中，"监督"有监管督促的意思，其重心在"督"，强调的是通过监管来督促事务正常运行，或者通过发现问题并反馈或问责的方式来纠正错误。监督常与其他主体搭配组合在一起，形成特定的监督类型。例如，2014年，党的十八届四中全会要求"加强党内监督、人大监督、民主监督、行政监督、司法监督、审计监督、社会监督、舆论监督制度建设"。此外，还有政府层级监督、内部监督、检察监督、行政执法监督、质量监督等语词搭配，均旨在采取特定的方式或手段确保该领域内工作的有序进行。"制度"在《辞海》中的定义，是指经制定而为大家共同遵守认同的办事准则，通过设定一定框架来规范人们的行为，通常是法律、法令、政策等的具体化。"体系"泛指一定范围内或同类的事物按照一定的秩序和内部联系组合而成的整体。"制度体系"就是由一系列制度性元素有机组合所形成的制度形态，是特定范围内人们的活动应当共同遵守的规定和准则的总称。因此，水利监督制度体系建设的基本内涵是指，构建一个通过监管方式来规范水利行业内相关单位及人员的行为、督促水利领域各项工作顺利开展的办事准则的集合体。

（二）水利监督制度体系的法治内涵

1. 行政监督视野下的水利监督制度体系

行政监督作为法治政府建设的主要抓手，是国家治理体系和治理能力现代化的有效工具。2004年，国务院《全面推进依法行政实施纲要》提出"合法行政、合理行政、程序正当、高效便民、诚实守信、权责统一"的依法行政六项要求。党的十八大以来，国家通过多项政策文件要求加强行政监督，并进一步完善细化了对于监督工作的要求。中共中央、国务院《法治政府建设实施纲要（2015—2020年）》明确提出，要强化对行政权力的制约和监督，把政府活动全面纳入监督范围，使公权力得到有效监督。党的十九大报告将健全国家监督体系作为重点内容进行了论述，提出要加强对权力运行的制约和监督，让权力在阳光下运行，把权力关进制度的笼子，加强对政府各项工作的日常管理监督。党的十九届四中全会提出要坚持和完善党和国家监督体系，强化对权力运行的制约和监督，强调必须健全党统一领导、全面覆盖、权威高效的监督体系，增强监督严肃性、协同性、有效性，形成决策科学、执行坚决、监督有力的权力运行机制，构建推进不敢腐、不能腐、不想腐的体制机制，确保党和人民赋予的权力始终用来为人民谋幸福。历年的政府工作报告也将强化监督作为年度重点工作。水利监督是行政监督的重要组成部分，水利监督制度体系建设是水利行业积极践行依法行政和法治政府建设的重要体现，国家依法行政、建设法治政府以及加强行政监督的各项要求为水利监督制度体系建设注入了深刻的法治内涵。一是水利监督要依法依规制定各项监督制度，不突破法律的规定，做到顶层设计于法有据。二是科学分配职责，落实监督责任制，明确各监管主体的权责分配。三是建立完备的监督程序，监督程序正当，监督结果公开，实现监督过程透明化。四是充分考虑水利行业监督的特点，重点监督与日常监督相结合，提高监督效率。五是丰富监督的手段和类型，创新完善监督方式，强化内部监督，加强公众参与，适当扩展社会主体参与监督工作的空间。六是抓住监督的重点，明确监督的边界，强化事中事后监督，构建协同监督格局。

2. 水利行业管理视野下的水利监督制度体系

党的十九大报告把水利放在生态文明建设的突出位置，在水资源管理、水生态文明建设、水利基础设施建设、水利改革创新等方面作出一系列战略部署，凸显了水利对于社会经济长期良性运行的重要保障作用。2019年，水利部明确提出，要将"水利工程补短板、水利行业强监管"作为新时代水利改革发展的工作总基调。鄂竟平部长在2019年全国水利工作会议上指出，践行新时代水利改革发展工作总基调，要准确把握当前水利改革发展所处的历史方位，制定好补短板和强监管的路线图、时间表、任务书。

2019年，习近平总书记在黄河流域生态保护和高质量发展座谈会上，明确了新时代生态文明建设各项工作要求，赋予了水利改革发展总基调的新内涵，同时也对水利监督制度体系建设提出了更高的要求。水利监督制度体系建设，要坚持问题导向底线思维的原则，突出关键领域和重点工作环节的监督检查，做到有章可循；坚持依法依规保障有力的原则，做到各项制度原则统一、有机衔接；坚持统筹协调分工负责的原则，实现步调一致、整体推进强监管；兼顾体系建设的系统性、完整性、实用性和效力性，形成体系内的上下联动，发挥其最大效用。具体而言，首先，要通过完善基础类监督制度，对水利监督工作和水利监督工作队伍作出总体性规定，明确监管内容、监管人员、监管方式、监管责任、处置措施等，使水利监管工作有法可依、有章可循。其次，要通过落实综合类监督制度，对特定飞检、懒政怠政监督检查、行业监督考核评价、行业监督信息公示、督办工作管理及督办事项考核等内容进行规定，为水利监督提供综合性保障。再次，要通过制定颁布专业类监督制度，在对治水领域的法规制度进行系统梳理的基础上，划出工程建设运行、水资源管理、河湖管理、灾害防御、水土保持、农村水电等各领域的监管"红线"，使法规制度"长牙""带电"、有威慑力。最后，通过程序类监督制度为水利监督实体工作提供程序规范，促进水利监督效能的提高。

同时要根据实践发展来对相应规章制度进行修改完善，条件成熟时启动立法程序，使水利监管实践中行之有效的经验及时上升为法律。在2020年全国水利工作会议上，鄂竟平部长指出，"水利行业强监管"要正确认识监和管的关系，既有行业监督，要"刀刃向内"，也有社会管理，要"长牙""带电"。其中，社会管理是指各级水利部门认真履行管理保护职责，严格执行法规制度，守护河湖、保护水资源、维护工程；行业监督是指水利部、各流域管理机构、地方上级水利部门对下级水利部门进行明察暗访，加强行业监督的目的是促进各级水利部门加强社会管理。这为新时代水利监督制度体系构建赋予了更深层次的内涵。

二、水利监督制度体系建设的主要需求

在2020年全国水利工作会议上，鄂竟平部长指出，长期以来水利监督宽、松、软问题突出，积累了一大批矛盾和问题，根本原因在于监督制度建设滞后，少而不够用、老而不适用、粗而不实用、软而不管用等问题突出。坚持和深化水利改革发展总基调，必须按照十九届四中全会要求，把制度建设摆在更加突出的位置，这是事关水利长远发展的根本性问题。要抓紧填补水利监督重点领域的制度空白，加快构建系统完备的涉水法律法规体系、务实管用的规章制度体系、科学有效的行业标准体系，使各项工作都有法可依、有规可守、有章可循，使法规制度"长牙""带电"、有震慑力。本章将对照新时代水利监督工作的要求，基于我国水利监督工作面临的新形势，结合当前"2+N

"水利监督制度体系的建设现状，总结现有水利监督制度体系建设的主要需求，为构建新时代水利监督制度体系提供有力支撑。

（一）体系建设的系统性

制度建设不仅要考虑单项制度规定的创制，更要充分考虑系统性。制度体系建设的系统性，是指在构建制度体系时要突出体现系统性思维，通过合理地设置系统内的各个部分，正确地处理系统内各部分之间的关系，使各要素之间相互联系、相互支撑，达到制度体系的整体功能大于单个制度功能之和的效果，达到整个制度体系能够有效解决当前各种问题的目的。突出水利监督制度体系建设的系统性，是"水利行业强监管"的内在要求、现实需求以及实践保障。加强体系建设的系统性，就是要在系统完备的基础上，突出各制度之间的内在联系与逻辑关系，着力从顶层设计、系统设计、配套衔接等方面，构建一个逻辑关系清晰、内部联系紧密的整体。

1. 完善本部级和流域机构监管体系，做好顶层设计

水利监督制度顶层设计是水利监督工作展开的重要依据，对于下级工作的部署和进行具有强力的示范效应，因此水利监督制度体系建设首先要以顶层设计为总抓手。从工作领域看，对尚处空白的业务领域，要抓紧制定相应监管制度，不断扎紧、扎密制度的笼子，使对各项业务领域的监督都在法律和制度上有依据，为水利监督工作的深入推进提供必要的制度保障。对已经出台的各项监管制度要进行完善，问题清单要及时更新，使监督的尺子更准，更符合行业实际，做实做精水利监督制度体系，加快重点领域的立法、修法进度，从法律的层面为水利监督厚植根基，让水利监督在法律的框架下运行，真正实现依法监督。除在规范对水利业务工作的监督之外，同时应明确对党的建设、行政管理、干部人事、廉政建设等方面的监督。从工作层级来看，以各类制度统筹推进"综合监管、专职监管、专业监管、日常监管"四个监管层次，明确监督司的综合监管责任，做好全年监督计划的统筹制订和组织开展，做好监管任务的协调分配，以及责任追究的实施；明确督查办的专职监管，做好部领导特定飞检的组织、重点专项的督查、重点举报线索的调查、监督信息平台的管理等，对各专业领域的监管成果要做好汇总上报，并加强监管队伍建设；明确各业务主管司局及其支撑事业单位的专业监管责任，推动落实本领域内的管理制度和监督制度，对本领域发现的各类问题认真分析研究、督促整改，并通过完善制度从源头上控制问题的产生；明确各流域监督队伍的日常监管责任，通过全天候、全覆盖的督查暗访发现问题，并复核整改情况等。统筹四个监管层次的监管力量，落实从中央层面、省级层面的水利部门到市县一级、基层水利单位的水利监督，形成上下联动、同频共振的格局。

2. 建立管事、管人、管业务三类制度，加强系统设计

一直以来，水利监督工作失之于宽、松、软，根本原因在于水利监督制度不足以支撑高强度的监督工作，一些重要领域和关键环节还存在制度空白，监督工作的组织形式、责任分工不明确，队伍运行机制不顺畅，队伍建设无保障，考核评价无标准，监督检查办法和责任追究标准不明确。因此，加强水利监督制度体系建设的系统性，当务之急就是要切实建立起管事、管人、管业务的三类制度。建立管事的制度，要通过明确监督工作的组织形式、责任分工、工作方式、流程环节、结果运用等内容，以及问题发现、问题认证、督促整改、责任追究等环节，为水利各业务领域的监督检查工作持续有效开展提供行为框架与准则。建立管人的制度，通过建立水利督查队伍的内部运行机制，提出队伍管理措施、工作标准、财物规范和纪律要求，针对督查人员履职情况和德能勤绩进行考核评价，并与干部年度考核、职务调整、薪酬待遇等挂钩，为水利监督工作的开展提供人员保障。严格明确工作标准、要求、禁忌，明确哪些事必须做好、哪些事决不能做，打造一支忠诚、专业、公正、高效、廉洁的水利督查队伍。建立管业务的制度，通过明确各业务领域的监督检查办法和责任追究的标准、阈值、层级、方式、决策程序、落实实施，以及从重从轻情形等，并附各业务领域的问题清单，为各业务领域监督工作的开展提供硬性指标和依据。只有从系统性出发，按照管事、管人、管业务的层级顺序，建立并完善好三类制度，并依据强有力的制度建设推动解决好水利监督工作中谁来管、谁去管、如何管的问题，才能使水利监督工作真正做到有规可依、"长牙""带电"，形成威慑。

3. 完善人员、资金、程序等方面保障，加强配套制度衔接

自践行水利改革发展总基调以来，水利工作取得明显成效。各级水利部门工作重心从只重视补短板，开始向更加注重强监管调整，工作思路更多放在谋划监管上，把工作精力更多投入到督促落实上，加快建立健全法制体制机制，组织开展史无前例的大规模暗访督察，重视水利监管的良好氛围逐渐形成。水利发展方式和惯性路径正在发生根本扭转，正在从"重建轻管"向"以管促建、建管统一"转变，从行业监管整体弱向逐步强转变。但水利监督工作的保障方面仍处于一定的困境之中。目前，按照国家缩减三公经费的要求，尚无法为水利监督工作提供充足的人员经费和先进的仪器装备。面对高强度的水利监督任务，目前各流域管理机构、省级水利部门均普遍反映现场检查所需仪器设备、车辆等保障不够完善，监督检查人员野外补助保障不足以支撑监督检查日常开销等问题。另外，流域管理机构监督工作人员工作经费，目前仅靠流域管理机构或地方水行政主管部门监督检查工作的预算经费统筹解决，不利于未来长期的监督工作开展。因此，为了进一步激发监督人员工作的积极性，增强工作士气，稳定监督队伍，提升监督效率，有必要进一步完善设备、技术、经费等方面的制度保障，并加强制度之间的有效衔接。同时，制定程序性监督制度，为水利监督工作提供程序性保障，将实体工作与程序规范有效融合，加快推动水利治理体系和治理能力现代化。

（二）体系建设的完整性

为了确保水利强监管工作的全面开展与有效落实，促进水利大监督格局的构建，必须注重水利监督制度体系建设的完整性。制度体系建设是一个整体性工作，完整性是体系建设最本质的特征。一个成熟完整的制度体系，必然是覆盖全面、内容完整、重点突出的。

1. 建设覆盖全面的水利监督制度体系，实现全行业、全链条覆盖

在2020年全国水利工作会议上，鄂竟平部长强调水利强监管工作既要有行业监督，又要有社会管理。行业监督将对水利行业内部的监管视为首要任务，严格对各级水利部门和水管单位开展监管，对于发现的问题严肃处理，从而提高各级水利部门对于监督工作的重视。但同时也要意识到，强监管要促使全社会切实调整和纠正用水行为，促成良好人水关系的实现。因此，水利监管还要向外延伸，加强实施社会管理，水行政主管部门认真履行管理保护职责，严格执行法规制度，通过监管企业和行政相对人来提升水利管理水平，守护河湖、保护水资源、维护工程，扭转整个水利行业形象。无论是行业监督，还是社会管理，目的都是调整人的行为、纠正人的错误行为。水利监督制度体系的完整性体现在既要有规范行业监督工作高效的内部监督制度，又要有保障社会管理有序开展的社会监管制度。

2. 建设内容完备的水利监督制度体系，抓紧弥补制度空白

当前水利监督制度建设滞后，其中一个重要的方面就是现有的制度少用、不够用问题突出，一些重要领域和关键环节仍然存在制度空白，有的问题说不清道不明，监管起来腰杆不硬，对"水利强监管"的保障和支撑作用不足。总体上看，当前治水管水的制度空白还比较多：一是行业监管中诸多领域缺乏制度规定。例如节水标准、定额、评价方面的制度，水资源管理中的生态流量管控制度等；二是补短板中诸多制度亟待修订。例如规程、规范、造价、定额等，有的已经严重脱离当前水利建设实际；三是不仅省级层面的治水管水制度建设普遍薄弱，国家层面的涉水制度建设也比较滞后。

对此，应当在抓好制度建设顶层设计的同时，认真梳理制度建设中存在的突出问题，构建内容完备的制度体系。要聚焦水旱灾害防御、水资源管理、河湖管理保护、水生态水环境治理、水利工程建设和运行管理等方面，抓紧填补制度空白，及时修改完善相关制度，加快构建系统完备的涉水法律法规体系、务实管用的规章制度体系、科学有效的行业标准体系，使各项工作都有法可依、有规可守、有章可循。

3. 建设重点突出的水利监督制度体系，强化重点领域监督

加强水利监督制度体系建设的完整性，就是要将各项制度视作一个有机整体，要在保证单项制度所规范的内容充实完备的基础上，抓重点、强弱项，强化重点领域监督，突出水资源监管、河湖监管、水旱灾害防御监管。此外，水利监督制度体系建设中还应突出小型工程运行监管，坚持底线思维，增强风险意识，完善责任制度，着力防范化解风险；突出三峡和南水北调工程监管，进一步提升工程运行管理水平，完善相关制度规定，落实运行安全监管责任，健全工程运行安全监管工作体系。

（三）体系建设的实用性

制度体系建设要服务于工作实际，实用性是检验制度建设是否合理的重要标准。突出水利监督制度体系建设的实用性，是开展水利强监管工作的依据和保障。体系建设的实用性要求在水利监督体系建设中，要及时修订老而不适用的旧制度，增强水利监督制度的适用性。

当前的水利监督制度存在着老而不适用的问题，部分已有的制度跟不上形势发展需要，有的甚至几十年没有修订，执行起来会引发一系列问题。对此，应当加快补齐水利立法欠账，制定并落实水利法律法规建设规划，从而增强水利监督制度体系的适用性。一是适时启动《中华人民共和国水法》修订，明确涉水监管的权责划分，强化对水资源开发利用、水资源保护、水工

程安全运行、节约用水等方面的监管。二是加快推进《地下水管理条例》《节约用水条例》《河道采砂管理条例》等立法进程，推动地方制定出台或修订相关涉水法规，进一步突出强监管的地位与作用，加大对违法违规涉水行为的威慑力与惩戒力，为水利行业强监管提供法律依据。

（四）体系建设的效力性

制度体系建设要满足高强度的水利监督的工作需要，就必须确保具有足够的制度效力。突出水利监督制度体系建设的效力性，是开展水利强监管工作的制度保障和实践需求。

突出水利监督制度体系建设的效力性，要强化整改和问责力度，完善考核机制。责任追究应细化为个人责任追究、单位责任追究和监督单位责任追究。个人责任追究指向被发现问题的直接责任人，以及对直接责任人监督工作失职的单位直接管理责任人和领导责任人。单位责任追究指向根据被检查发现问题的直接责任单位，以被发现问题的数量、性质、严重程度作为追责考量依据，按照问题数量累计计算对直接责任单位的上级领导单位进行监督失职的责任追究。对监督单位的责任追究以发现问题累计值为基础，以问题的责任主体为主线，逐级对各个上级主管单位进行监督不到位责任追究。在此基础上，制定出台行业综合考核监督相关制度，建立行业综合考核监督制度，要完善科学化的绩效考评机制，激发优胜劣汰动力。

3. 推动专项监督向常态监管转变，保持水利强监管的高压态势

水利行业监管缺失问题积弊很深、强监管任务极其繁重。因此，在践行总基调的前期阶段，只能先抓住最薄弱、风险最大、必须保底线的领域进行重点专项监督。比如对小型水库、农饮工程、河湖"四乱"等开展大规模暗访。但专项监督只是应急之举，长久之计是必须推动强监管常态化、规范化、法治化，向更高层次、更高水平迈进。因此，要在继续突出重点专项监督的同时，总结水利行业强监管的实践，把行之有效的监管做法固化为制度，进一步建立健全"2+N"的监督制度体系，防止监管的随意性，减少自由裁量权，实现水利强监管从整体弱到全面强的根本性转变。

第五章

新时代水利监督制度体系构建

一、指导思想、基本原则与基本思路

（一）指导思想

深入贯彻习近平新时代中国特色社会主义思想和党的十九大、十九届三中全会与四中全会精神，积极践行"节水优先、空间均衡、系统治理、两手发力"的十六字治水方针、习近平总书记2014年3月14日在中央财经领导小组第五次会议上关于水安全的重要讲话精神以及在黄河流域生态保护和高质量发展座谈会上的重要讲话精神，牢牢把握我国严峻的水安全形势和治水主要矛盾变化对新时代治水理念和思路的新要求，紧密围绕"水利工程补短板、水利行业强监管"的水利改革发展总基调，加快构建水利监督制度体系。通过构建新时代水利监督制度体系，为开展统一领导、全面覆盖、权威高效的水利监督工作，防范水利行业可预见和不可预见的风险，推动以水资源、水生态、水环境保护为刚性约束的社会经济发展，为促进人与自然和谐发展等提供坚实的制度保障。

（二）基本原则

基于上述指导思想，结合我国水利监督管理制度的现状及完善需求，这里进一步明确新时代水利监督制度体系应当遵循的基本原则，为该制度体系构建提供相应的依据。

一是突出系统完备原则。以破解我国新老水问题为导向，加快制定和颁布空白业务领域的制度，不断完善现有制度中与实际需求不相符的部分，推动水利行业监管做到有法可依、有规可守、有章可循，实现从整体弱到全面强。强化水利监督制度体系建设，突出系统性制度需求，做好制度建设顶层设计，对水利业务工作、党的建设、行政管理、干部人事、廉政建设进行系统性监督，统筹"综合监管、专职监管、专业监管、日常监管"四个监管层次的监管力量，实现不同监督层面之间的上下联动。从纵向上构建起管人、管事、管业务的三类制度，形成对人员、内容、业务的全方位监督。突出完整性制度需求，从横向上既要对水利工作进行全行业、全链条的监督，也要突出抓好关键环节的监督；既要对人们涉水行为进行全方位的监督，也要集中力度加强对重点领域的监督，实现水利监督的全覆盖。在抓好制度建设顶层设计的同时，本着急用先行的原则，认真梳理制度建设中存在的突出问题，聚焦水旱灾害防御、水资源管理、河湖管理保护、水生态水环境治理、水利工程建设和运行管理等5个方面，抓紧填补制度空白，及时修改完善相关制度，加快构建系统完备的涉水法律法规体系、务实管用的规章制度体系、科学有效的行业标准体系，使各项工作都有法可依、有规可守、有章可循。坚持依法依规保障有力的原则，做到各项制度原则统一、有机衔接；坚持统筹协调、分工负责的原则，实现步调一致、整体推进强监管。

二是强调务实管用原则。以问题为导向，明确监督范围、监督机构及其职责，规范监督方式和手段，充分结合水利监督实践工作中的经验，构建各业务领域的问题清单、问题等级和责任追究标准，使制度切实反映水利监督实际中的需求，顺应水利监督工作的发展规律，建立一套科学合理、系统规范、便于操作的水利监督制度体系。实现动态更新，开展清单式的监督，细化监督环节，将原则性的规定加以具体化，提高制度实施的可操作性，推动形成水利监督规范化、法治化、常态化的工作机制。以问责为抓手，强化整改和问责力度，厘清问责范围，明确问责主体，完善问责标准，细化问责方式，使责任的追究能够确切落实。完善考核评价机制，确保水利监督工作规范有序，使水利监督制度"长牙""带电"，有震慑力，强化水利监督的公信力和权威性。

三是注重可持续性原则。水利监督制度体系的建设与完善过程伴随着水利监督工作的长期发展过程，要以可持续发展的思维在抓好制度体系框架设计的同时，为将来可能出现的新的重点监督领域、监督环节、监督手段、问题清单、责任追究等内容，留有完善的余地，增加制度适用的延展性，并及时修订更新，有效防范行业风险。坚持以结果为导向，落实"重在保护、要在治理"的战略要求，推进水资源节约集约利用，加强水生态环境保护，保障河湖长治久安。

（三）基本思路

按照建立科学监督制度体系、提高监督能力水平、提升监督效能的总体要求，从系统性、完整性、实用性、效力性出发，构建新时代水利监督制度体系。

首先，应制定全局性、纲领性的基础类监督制度。对全行业的水利监督工作作出总体规定，以规范水利监督行为，提高水利监督质量和效率；对全行业的水利监督队伍作出基础规定，强化对各级水行政主管部门履行水行政管理职责及组织开展水利重点工作情况的监督。其内容应重点明确水利监督工作中最基本的、共性的问题，包括规定水利监督的定义、原则、主体等；水利监督的范围和事项；水利监督的机构及其职责；水利监督队伍的组织方式；水利监督的程序及方式；水利监督的权限和责任、水利监督的责任追究等相关内容。

其次，应制定综合类监督制度。对水利行业的监督检查、监督考核评价、水利监督信息化建设、监督队伍懒政怠政监督检查，以及对水利部督办工作的管理等方面作出具体规定，推动水利监督常态化，为水利监督提供可靠保障。

再次，应制定专业类监督制度。对不同领域、不同链条上的水利监督工作作出具体规定，以细化具体监督工作中的行为规范，保证水利监督制度体系的完整性，实现水利监督全覆盖。其内容应覆盖水利工程管理领域、水利资金领域、信息化领域、水资源领域、节水领域、水土保持领域、河湖管理领域、农业用水领域、防洪抗旱领域、移民领域及水文领域等11个方面，为水利专项监督检查的全面铺开提供有力的制度保障。

最后，应制定程序类监督制度。要发挥程序的独特性价值，为水利监督提供科学、正当、民主的载体，维护良好的水利监督秩序，提高监管效率。应主要对水利基础建设项目初步设计文件、水利规划实施及水利建设投资统计数据质量的监督管理作出规定。

（四）构建路径

对照当前水利监督工作的新形势和新要求，依据水利监督制度体系构建原则，这里进一步研究提出制度构建的相应路径。

1. 实现监督重点领域的全面覆盖

为了确保水利监督工作的全面开展与有效落实，在设计各项制度的过程中，要确保监督制度覆盖水利行业的各重点任务，包含水利监督的各工作环节，填补水利监督的空白，并且能够突出水利监督的专业领域，促进水利监督大格局的构建。

（1）建设全天候、全覆盖的水利监督制度体系，实现全面监督

一方面，要建立起覆盖全行业的制度体系。水利行业监督要求各级水利

部门针对督查、稽察、检查发现的重点问题，及时发现和推动整改突出问题，有效消除隐患、化解了风险。水利监督制度要严格规定对各级水利部门和水管单位的重点工作开展明察暗访的具体要求，落实通报、约谈、曝光、问责等一系列监督追责措施，对于发现的问题严肃处理，发挥水利行业监督的震慑作用，通过加强行业监督促进各级水利部门加强行业管理。

另一方面，要建立起覆盖全链条的制度体系。水利监督工作的高效开展，要切实保障发现问题、确认问题、整改问题、责任追究，也就是"查、认、改、罚"四个环节的有效衔接和闭环运行。"查"是监督的基础，主要是现场问题的发现、确认、证据固化和报送上传；"认"是监督的依据，对于有一定争议的问题，包括有否问题、程度轻重等，由专业机构开展认证；"改"是监督的目标，由水利部督查办分批发送整改通知，分别转送业务主管司，由业务主管司会同有关事业单位督促整改落实；"罚"是监督的关键，对严重、集中、性质恶劣、影响深远的问题，根据问题性质程度进行责任追究。因此，水利监督制度体系要建立起完整覆盖"查、认、改、罚"的监督制度，保障水利监督全链条的顺畅衔接运转，为水利监督各个阶段的工作提供制度支撑。

（2）建设内容完备的水利监督制度体系，落实系统监督

当前部分重要领域和关键环节仍然存在制度空白，问题梳理不够清晰，监督方式缺少针对性，整改措施不够精准，对水利强监管工作的保障和支撑作用不足。总体上看，当前水利监督部分重点领域缺乏具体的监督制度和问题清单，例如节约用水的监督制度，生态流量管控方面的监督制度等。对此，应当在抓好制度建设顶层设计的同时，认真梳理制度建设中存在的突出问题，要聚焦水利工程建设和运行管理、水旱灾害防御、节约用水管理、水生态修复等方面，抓紧填补制度空白，及时修改完善现有水利监督制度，使各项水利监督工作都有法可依、有规可守、有章可循。

（3）建设重点突出的水利监督制度体系，夯实重点监督

按照新时代水利改革发展总基调的要求，各项监督制度要突出重点领域的监督。一是突出水资源监督。坚持"节水优先"，按照"把水资源作为最大的刚性约束"要求，落实最严格的水资源管理制度。二是突出河湖监督。以河长制、湖长制为抓手，通过立规矩、固基础、建机制、强督查、求创新，巩固深化河湖监管成果。三是突出水利工程监督。要在抓好水利工程建设进度、质量、安全生产等方面监督的同时，加大对工程安全规范运行的监督。

四是突出水土保持监督。以提高水土保持率为目标，健全制度体系，推进水土保持监督工作，坚决遏制人为水土流失。五是突出水利资金监督。要针对近年来巡视、审计、督查、稽察等发现的水利资金使用管理中的问题，以资金流向为主线，实行对水利资金分配、拨付、使用的全过程监督。六是突出行政事务工作监督。要将党中央、国务院作出的重大决策部署，水利部党组作出的重要决定安排，水利政策法规制度作出的规范性要求，水利改革发展中的重点任务及其他需要贯彻落实的重要工作，全面纳入监督范围。在此基础上，结合水利工作实际，还应进一步加强小型水库、三峡水库、南水北调工程以及水旱灾害防御等重点领域的监督。

2. 强化监督制度之间的衔接配合

制度建设不仅要考虑单项制度规定的创制，更要充分考虑多项制度之间的衔接配合，要实现各个制度之间的相互联系、相互支撑，达到制度体系的整体功能大于单个制度功能之和的效果，突出各种类别各个领域监督制度之间的内在联系，整体构建科学规范、逻辑紧密、环环相扣的监督制度体系。

（1）建立管事、管人、管纪律各项制度，加强主体制度设计

监督主体制度在监督制度体系中具有统领作用，对于各项专业监督制度的制定具有很强的指导性。长期以来，水利监督工作缺少主体制度，导致监督职责难履行，监督检查办法和责任追究标准不明确，监督考评无标准，影响了水利监督工作的效果。因此，完善水利监督制度体系的首要任务，就是切实建立起管事、管人、管纪律的主体制度。一是要在制度中对监督职责进行整体的规划，明确监督工作的组织形式、权责划分、结果运用等内容，以及问题发现、问题认定、督促整改、责任追究等环节，确保监督工作履职到位。二是要通过制度实现对水利督查队伍的管理，提出队伍的组织方式、管理措施和能力建设要求，制定针对督查人员履职情况的考评标准，为水利监督工作的开展提供过硬的人才队伍保障。三是通过制度对监督工作进行规范，规定各项监督事务的标准程序、工作方式、关键环节以及工作纪律，为水利各业务领域的监督检查工作持续有效开展提供行为框架与准则，确保监督工作实现规范化、标准化、常态化。只有系统性地构建管事、管人、管纪律的监督主体制度，才能解决好水利监督工作中谁来监督、监督什么、如何监督的问题，为构建新时代水利监督制度体系打下良好基础。

（2）完善经费、装备、技术等方面保障，加强配套制度衔接

自水利改革发展总基调提出以来，各级水利部门工作重心从只重视补短板开始向更加注重强监管调整，重视水利监督的良好氛围逐渐形成，水利发展方式和惯性路径正在发生根本扭转，正在从"重建轻管"向"以管促建、建管统一"转变，行业监督从整体弱向逐步强转变。但按照国家缩减行政经费的要求，当前水利监督工作在监督人员、设备、补贴等方面仍然缺少长效保障机制。此外，当前监督信息基础支撑不足、技术手段单一、业务协同不够的问题也影响着当前监督工作能效。因此，与强化主体制度相对应，在构建新时代水利监督制度体系的过程中，有必要同步制定各项保障制度，形成稳定的监督经费设备来源渠道，构建信息资源协同共享与更新机制，确保监督检查的深度、广度和质量能够满足水利行业强监管的需要。

3. 不断推进监督制度的更新完善

制度体系建设要服务于工作实际，务实管用是检验制度建设是否合理的重要标准。突出水利监督规定措施的务实管用，是开展水利强监管工作的依据和保障。体系建设的实用性要求水利监督制度不断吸取实践经验，提升制度的可操作性，完善制度体系构建。

（1）积极总结实践工作经验，对已有制度及时修订完善

目前部分水利监督制度跟不上形势发展需要，执行起来会引发一系列问题。对此，应当结合当前水利监督工作的实际需要，进一步完善已有的各项水利监督制度，从而增强水利监督制度体系的适用性。一是要及时总结已有工作经验，分析在监督工作中发现的普遍性问题梳理分类，对发现的典型性问题推理分析，进一步细化问题清单，确保监督制度对于各类问题的全覆盖。二是认真总结水利行业强监管工作成果，不断创新改进监督方式，优化协调监督机制，加强与水政监察执法、部门联合监督工作的配合，并将成功做法纳入制度规定，在此基础上将问题认定和责任追究与司法、纪检制度进行有效衔接，加大对违法违规涉水行为的威慑力与惩戒力，形成良好的工作实践反馈，为水利行业强监管提供制度依据。

（2）对制度条款进行规范细化，增强水利监督制度的可操作性

现阶段水利监督制度过于原则、宽泛，在实践中无法操作，影响了水利监督的效能，无法适应当前强监管的工作态势。突出水利监督制度体系建设的实用性，就是要将务实管用作为制度制定及体系构建的重要标准，提高制度的可操作性。一是要对各项专业监督制度拓展细化水利重点领域的监督工

作，充分结合各重点领域的未来改革发展方向明确监督重点任务，对这些水利重点领域的监督职责进一步细化拓展，明确细化各级水利部门涉及重点领域的监督主体、职责分工、监督内容、问题清单与责任追究等，增强水利监督制度的可执行性。二是要在监督制度中进一步完善水利监督的相关标准，包括水利监督的工作标准、考核评价标准和组织保障标准，不断推动水利监督工作实现标准化，通过制度提升对于监督工作管理的可操作性。

（3）建立监督制度问题清单，增强水利监督工作的执行效率

各级水行政部门通过开展大规模监督检查工作，发现和解决了众多涉水问题。但应当认识到，发现问题、整改问题只是治标，解决反复发生的共性问题、提高行业的风险监管水平才是治本。因此，构建水利监督制度体系，要以问题为导向，以整改为目标，以问责为抓手，各项水利监督制度要制定完善清单，在工作中以此为依据，实现对共性问题的有效监督，推动行业管理水平不断提高。所谓问题清单，就是在对水利各领域工作开展广泛调研和检查的基础上，把"常见病""多发病"以及可能发生的各种问题汇总起来，明确问题类别、问题性质和严重程度，形成各业务领域的问题清单，并实现动态更新，使监督要求更加精准。问题清单作为现代行业监督工作中提高监督效率、维护监督公平的有效工具，是水利监督工作查找问题、确认问题的重要依据。各项水利监督制度要充分发挥问题清单的作用，指导监督人员快速了解某个业务领域常见多发的问题情形，判断问题类别和程度，避免因为主观因素形成尺度宽严不一的情况发生，确保监督结果更为客观，不断提升监督执行效率。

4. 增强制度的约束力和执行效果

制度体系建设要满足于高强度的水利监督的工作需要，就必须要确保具有足够的制度效力，确保水利监督制度的问题认定和责任追究手段"长牙""带电"，能够对水利行政履职不力和涉水违法行为进行有效约束，提高水利监督威慑力和行业公信力。

（1）强化水法律法规刚性约束，增强水利监督制度的惩戒力度

水利监督制度作为部门制度，要在已有的涉水法律法规框架内运行，依法依规实施监督。现行《中华人民共和国水法》《中华人民共和国水污染防治法》《中华人民共和国水土保持法》等涉水法律不能满足当前水利改革发展的新形势，强制性规范条款较少，对违法行为惩戒手段单一，惩戒力度不足，

这是长期以来水利监管不力的重要因素。如对非法河道采砂、地下水超采、污水违规排放等违法行为处罚额度有限，难以起到有效惩戒警示作用；浪费水资源等行为尚未被列入水行政执法范畴，影响了强监管工作的震慑警示效果。因此，在构建水利监督制度体系的过程中，应充分考虑在将水法律法规作为法律依据的同时，也将《中华人民共和国刑法》《中华人民共和国环境保护法》等相关法律以及党内纪律作为水利监督的上位法依据，强化上位法授权，提升水利监督的威慑力。在此基础上，还应加快涉水法律法规的制定与修改进程，加大对涉水违法行为的惩戒力度，提高水法律法规的威慑力，为水利行业强监管提供坚实的法律依据。

（2）完善监督问题责任追究，增强水利监督制度的问责力度

突出水利监督制度体系建设的效力性，还应在制度制定过程中进一步强化对问题整改和责任追究的规定。一是要坚持以整改为目标，被检查单位针对所检查问题及时进行整改，并接受上级部门对问题整改的验收和督促，对监督检查所发现的问题举一反三，及时、有力、有效地整改。在此基础上，还要对问题整改的核查、复查进行规定，确保问题能够得以解决、隐患能够得以消除。二是要坚持以问责为抓手，检查单位根据被查问题的性质、严重程度，按照具体的监督制度对责任单位和具体责任人实施责任追究，通过问责来督促整改的落实到位，倒逼被检查单位认真改进工作，确保水利监督效果得到落实。三是需要在监督制度中明确责任追究的标准，确定责任追究内容，厘清问责范围，明确问责主体，完善问责标准，细化问责方式，应在监督制度中对于个人责任和单位责任予以详细规定，确保通过监督推动行业管理主体责任履职到位。

（3）实施水利监督考核评价，推动水利监督工作向纵深发展

为了实现水利行业强监管的总体目标，必须推动强水利监督工作常态化、规范化、法治化，向更高层次、更高水平迈进。因此，要在开展大规模水利监督工作的基础上，总结水利成效，开展水利监督考核评价必不可少。应当将监督考核评价作为新时代水利监督制度体系的重要内容，构建合理的监督考核评价体系，建立监督考核体系和评价指标，将各类监督检查开展情况和取得的成效纳入考评体系，通过具体的量化指标考核评价监督工作，找出监督方面存在的缺点和不足，不断完善监督工作。各级水利部门应将监督工作考评结果作为年度工作考核的重要内容，作为评价单位和个人业绩的重要依据。

实施对年度监督工作进行考评，并将考评结果公开，能够有效梳理各级水利部门的监督主体责任意识，巩固水利监督成效，推动水利监督工作向纵深发展。

二、新时代水利监督制度体系框架

（一）体系构想

新时代水利监督制度体系应结合新时代水利监督制度体系的构建需求，积极借鉴自然资源、生态环境、交通运输等相关行业的经验的基础上，科学划分监督制度体系的各个组成部分，明确基础性监督制度、综合性监督制度、专业性监督制度以及监督评价考核制度等各部分的主要内容，以及各类制度在体系框架中发挥的作用。

同时，新时代水利监督制度体系构建中，应对现有的各项水利监督制度进行重新梳理，分析其主要作用和关键内容；对于尚在规划中的各项水利监督制度进行研究，明确其监督重点和主要内容；按照水利改革发展总基调的实践要求，填补各项监督制度空白，提出进一步完善各项监督制度的基本构想，构建系统完备、逻辑紧密、科学实用、运行有效的新时代水利监督制度体系框架。

综上，新时代水利监督制度体系的总体构想，如图 5-1 所示。

原有的水利"2+N"监督制度于 2018 年底设计，本着急用先行的原则，提出了基础性监督制度、水利工程建设和运行监督制度、水利政务监督管理制度、行业管理监督制度以及考核制度 5 大类 30 项制度。为了进一步提高制度体系的系统性，依据水利部印发的《加强水利行业监督工作的指导意见》总体要求，本研究中新时代水利监督制度体系对各个组成部分进行重新划分。一是将水利政务监督管理制度中懒政怠政监督相关制度、督办工作相关制度以及特定飞检相关制度的内容进行整合，并增加水政执法监督相关制度，形成了新的综合类监督制度；二是将水利工程监督相关制度、行业管理监督制度以及水利政务监督管理制度中资金监督相关制度进行整合，形成了新的专业类监督制度；三是根据水利监督公示信息制度的主要内容，将其与水利监督考核相关制度、水利督办考核相关制度进行整合，形成了程序类监督制度。经过调整后，新时代水利监督制度体系框架将包括基础类监督制度、综合类监督制度、专业类监督制度以及程序类监督制度 4 大组成部分 29 项制度，各部分主要框架如下。

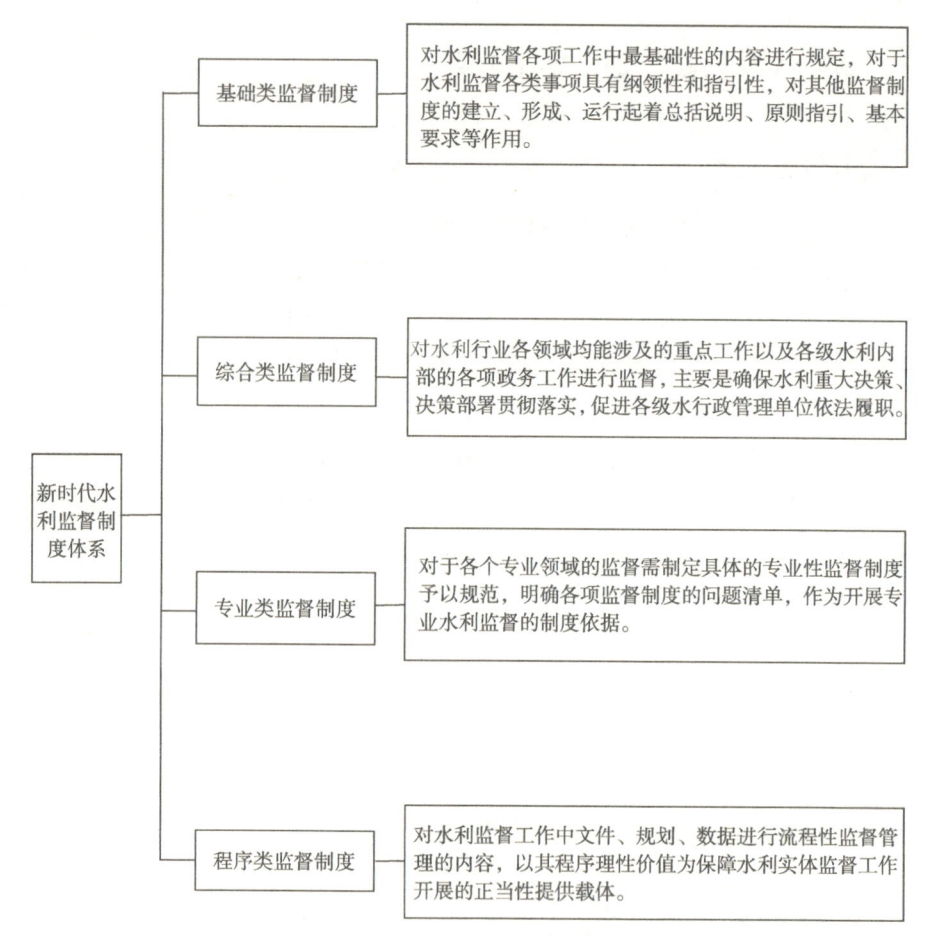

```
                    ┌─ 基础类监督制度 ── 对水利监督各项工作中最基础性的内容进行规定，对于
                    │                    水利监督各类事项具有纲领性和指引性，对其他监督制
                    │                    度的建立、形成、运行起着总括说明、原则指引、基本
                    │                    要求等作用。
                    │
                    ├─ 综合类监督制度 ── 对水利行业各领域均能涉及的重点工作以及各级水利内
                    │                    部的各项政务工作进行监督，主要是确保水利重大决策、
新时代水                              决策部署贯彻落实，促进各级水行政管理单位依法履职。
利监督制 ──┤
度体系              ├─ 专业类监督制度 ── 对于各个专业领域的监督需制定具体的专业性监督制度
                    │                    予以规范，明确各项监督制度的问题清单，作为开展专
                    │                    业水利监督的制度依据。
                    │
                    └─ 程序类监督制度 ── 对水利监督工作中文件、规划、数据进行流程性监督管
                                         理的内容，以其程序理性价值为保障水利实体监督工作
                                         开展的正当性提供载体。
```

图 5-1　水利监督制度体系的总体构想

（二）以基础类制度为总领

基础类制度所规定内容是水利监督工作中最具基础性的内容，对于水利监督中各类监督事项和监督领域都具有普遍适用性、纲领性和指引性，是体现水利监督制度系统性的主体制度，也是水利监督制度体系的基石。对其他制度的建立、形成、运行起着总括说明、原则指引、基本要求等作用。为增强水利监督工作的系统性、整体性、协同性，着力构建完善统一领导、权责清晰、全面覆盖、分级负责、协调联动的新时代水利监督组织体系，基础类

制度需具备以下职能。

（1）基础类制度应当明确规定监督机构为水利部及流域管理机构、地方各级水利部门，负责实施水利监督工作。

（2）基础类制度应当突出水利督查工作领导小组的领导作用，特别要明确专职监督机构的主要职责。具体包括：组织、指导水利行业监督体系建设，统一管理水利监督队伍；组织制定水利行业监督工作目标、年度监督工作计划；组织实施重点项目监督；组织突发性事件应急处置和违法事件调查、处理；法律、法规规定的其他监督检查职责。

（3）与水利部的专业监督职能设置相对应，按照流域与区域管理相结合的原则，基础类制度也应明确各流域管理机构中专业监督机构职责。

（4）基础类制度应当明确水利监督队伍的组织方式。水利监督队伍包括承担水利部督查任务的组织和人员。其中，水利部水利监督队伍又包括水利部本级及流域管理机构层级的监督队伍，其职责是负责对全国各流域地区的各级水行政主管部门、流域管理机构及其所属企事业单位的履责情况进行监督检查，及时发现问题，督促整改并实施追责。水利督查队伍包括承担水利部督查任务的组织和人员，督查是指水利部按照法律法规和"三定"规定，对各级水行政主管部门、流域管理机构及其所属企事业单位等履责情况的监督检查。其主要内容应当包括水利督查队伍与督查的概念、水利督查队伍管理的原则；水利督查队伍的组织管理事项、人员管理事项、工作管理事项以及水利督查队伍的工作保障、绩效管理等相关内容。

基础性制度主要包括《水利监督规定（试行）》和《水利督查队伍管理办法（试行）》两项制度，即"管人""管事""管纪律"的关键制度。《水利监督规定（试行）》对构建完善统一领导、权责清晰、全面覆盖、分级负责、协调联动的水利监督组织体系予以规定，并明确规范水利监督范围、监督机构及职责、监督方式和程序、责任追究以及监督纪律，加强对各级水利部门履行水行政管理职责及组织开展水利重点工作情况的监督，保障国家水利工作方针政策和决策部署的顺利执行。《水利督查队伍管理办法（试行）》对水利督查队伍具体职责以及对组织、人员的管理规范进行规定，明确了监督人员需要具备专业能力，监督检查工作中的权利义务、工作纪律以及贡献表彰要求，确保监督队伍的专业化，严格规范水利监督工作。两项监督制度为整个水利监督制度体系的统领性制度，为水利监督工作的长效开展提供基础性保障。

（三）以综合类制度为日常监督

综合类制度所规定的内容是水利监督工作常态化的内容，提取各个领域内监督工作的共性需求，为水利监督工作的深入提供综合性保障，涉及水利部对水利行业所涉及的重点工作的监督检查、监督考核评价、水利监督信息化建设、监督队伍懒政怠政监督检查以及对水利部督办工作的管理等方面。综合类制度的主要内容是对水利行业均能涉及的重点工作进行监督，确保水利重大政策、决策部署贯彻落实，促进各级水行政管理单位依法履职，突出体现了监督制度的实用性。

作为推进水利工作上传下达、及时响应、改进作风、提质增效的重要抓手，水利监督综合类制度由五项制度构成，具体包括：《水利部特定飞检工作规定（试行）》《水利行业监督考核评价办法》《水利行业监督信息公示管理办法》《水利行业懒政怠政监督检查办法》《水利部督办工作管理办法》。

根据《水利监督规定（试行）》，水利部对全国水利监督工作实施统一监督管理，面对实践中仍存在监督监管不力、责任追究不具体、整改不到位的情况，应通过《水利部特定飞检工作规定（试行）》明确"四不两直"的创新监管方式。《水利部特定飞检工作规定（试行）》主要对"特定飞检"的概念、检查内容、问题认定、责任追究方式及问题整改作出规定。其中"特定飞检"是针对实践中各项水利重大项目、重点工程、重要工作存在的监管不到位、责任追究不到位、整改不到位的情况，通过"四不两直"暗访的方式进行专项监督，确保工作有效开展，有效防范行业监管风险的检查监督方式。《水利行业监督考核评价办法》主要解决水监督工作中问责程序执行不严、问责认定规定不明、考评体系不科学、考核评价指标内容宽泛模糊等问题，为责任的追究提供可行性参考，其主要对组织机构及职责、考核内容、考核方式和程序及考核结果运用等内容作出规定。《水利行业监督信息公示管理办法》对水利督查信息平台建设作出相关规定，推动水利行业信息资源及时整合，提高监督效能，主要内容包括组织机构及职责、信息公示方式及程序、责任追究等。《水利行业懒政怠政监督检查办法》着眼于提高水利监督单位和人员的强监管意识，消除水利决策部署不力、制定政策失误、履职不到位、效率低下、行政行为失当、损害群众利益、作风涣散、纪律松懈等懒政怠政现象。其主要内容包括监督检查的内容、监督检查的方式与程序、责任追究。《水利部督办工作管理办法》对水利部督办工作的管理作出规定，规范水利部内部的重点事项督办监督，针对水利部督办事项的监督检查作出规定，规范水利部督办内部的水利监督行为。

（四）以专业类制度为重点突破

在2020年全国水利工作会议上，鄂竟平部长指出，在着眼于过去水利工作取得成就的同时，应注意到全国各个地方在落实总基调中，在工程建设资金保障、饮水安全监管、水资源监管、节约用水监管、河湖监管、水利工程运行监管等方面仍存在一定差距，并且指出要在抓好制度建设顶层设计的同时，本着急用先行的原则，认真梳理制度建设中存在的突出问题，聚焦水旱灾害防御、水资源管理、河湖管理保护、水生态水环境治理、水利工程建设和运行管理等5个方面，抓紧填补制度空白。在监督制度体系建设中，基础类制度和综合类制度为水利强监管提供概括性、总体性保障，但水利专项监督仍需制定具体的、完备的制度来予以规范。对于专业类制度的设计应采取兼顾"水利工程补短板"与"水利行业强监管"，以点带面，使制度覆盖水利全行业。对于各个专业领域的监督需制定具体的专业性监督制度予以规范，明确各项监督制度的问题清单，作为开展专业水利监督的制度依据。专业类制度的设计应当兼顾完整性与实用性。一方面实现对于水利专业领域监督的全覆盖，另一方面要体现专业领域监督的特点和需求。

专业类制度共包括19项制度，覆盖11个领域，具体为：水利工程管理领域、水利资金领域、信息化领域、水资源领域、节水领域、水土保持领域、河湖管理领域、农业用水领域、防洪抗旱领域、移民领域、水文领域。

水利工程管理领域由6项具体制度构成，分别为《水利工程建设质量与安全生产监督检查办法（试行）》《水利工程合同监督检查办法（试行）》《水利工程运行管理监督检查办法（试行）》《小型水库安全运行监督检查办法（试行）》《水利工程质量终身追究监督检查办法》《水利工程勘测设计失误问责办法（试行）》，旨在对水利工程开展有针对性的监督，保障在大规模水利工程建设全面展开的情况下，水利安全生产形势保持持续平稳。

水利资金领域、信息化领域、水资源领域、节水领域、河湖管理领域、农业用水领域、移民领域均由一类制度构成，分别为《水利资金监督检查办法（试行）》《水利网信建设和应用监督检查办法（试行）》《水资源管理监督检查办法（试行）》《节约用水监督检查办法（试行）》《河湖管理监督检查办法（试行）》《农村供水工程监督检查办法（试行）》《水库移民工作监督检查办法（试行）》。水土保持领域包括《水土保持工程监督检查办法（试行）》《生产建设项目水土保持监督检查办法》两项制度。防洪抗旱领域由《水工程防洪抗旱调度运用监督检查办法（试行）》《汛限水位监督管理规定（试行）》两项制度构成。水文领域包括《水文监测监督检查办法（试行）》和《水质监测监督检查办法》。

（五）以程序类制度为载体

程序类制度所规定的内容是对水利工作中文件、规划、数据进行流程性监督管理的内容，以其程序理性价值为保障水利实体监督工作开展的正当性提供载体。程序类制度由三项制度构成，具体包括：《水利基建项目初步设计文件监督管理办法》《水利规划实施监督检查办法》《水利建设投资统计数据质量核查办法（试行）》。

综上，新时代水利监督制度体系的总体框架，如表 5-1 所示。

表 5-1 新时代水利监督制度体系

制度类别		制度名称
基础类制度		《水利监督规定（试行）》
		《水利督查队伍管理办法（试行）》
综合类制度		《水利部特定飞检工作规定（试行）》
		《水利行业监督考核评价办法》
		《水利行业监督信息公示管理办法》
		《水利行业懒政怠政监督检查办法》
		《水利部督办工作管理办法》
专业类制度	水利工程管理领域	《水利工程建设质量与安全生产监督检查办法（试行）》
		《水利工程合同监督检查办法（试行）》
		《水利工程运行管理监督检查办法》
		《小型水库安全运行监督检查办法（试行）》
		《水利工程质量责任终身追究监督检查办法》
		《水利工程勘测设计失误问责办法（试行）》

续表

制度类别		制度名称
专业类制度	水利资金领域	《水利资金监督检查办法（试行）》
	信息化领域	《水利网信建设和应用监督检查办法（试行）》
	水资源领域	《水资源管理监督检查办法（试行）》
	节水领域	《节约用水监督检查办法》
	水土保持领域	《水土保持工程监督检查办法（试行）》
		《生产建设项目水土保持监督检查办法》
	河湖管理领域	《河湖管理监督检查办法（试行）》
	农业用水领域	《农村供水工程监督检查管理办法（试行）》
	防洪抗旱领域	《水工程防洪抗旱调度运用监督检查办法（试行）》
		《汛限水位监督管理规定（试行）》
	移民领域	《水库移民工作监督检查办法（试行）》
	水文领域	《水文监测监督检查办法（试行）》
		《水文监测监督检查办法（试行）》
程序类制度		《水利基建项目初步设计文件监督管理办法》
		《水利规划实施监督检查办法》
		《水利建设投资统计数据质量核查办法（试行）》

三、新时代水利监督制度体系的主要内容

（一）基础类监督制度

制定基础类监督制度的目的，主要是对基础类监督制度、对各级水利部门的监督职责进行了明确，对监督机构、监督队伍的设立提出了要求，对监督工作的程序、方式进行了规范，为各流域地区的水利监督工作能够顺利组织开展提供了制度保障。

按照上述新时代水利监督制度体系的构架，基础类监督制度包括《水利监督规定（试行）》《水利督查队伍管理办法（试行）》两项制度，基础类制度通过完善制度体系的顶层设计，系统性地为各项监督事务提供工作指引和制度保障，是新时代水利监督制度体系中的主体制度。第一项基础类监督

制度是《水利监督规定（试行）》。该规定对水利监督工作作出总体性规定，是基础类制度中的基础。

在此基础上，开展水利强监管工作需要建立有力的督查工作队伍，明确其开展工作的基本要求，为此要制定这方面的具体规定。因此，第二项基础类监督制度为《水利督查队伍管理办法（试行）》。该办法对水利强监管工作队伍作出总体性规定，适用于水利部水利督查队伍的建设和管理。它主要规定了水利督查队伍的一般原则以及组织管理、人员管理、工作管理、工作保障以及绩效管理等方面的内容。二者共同为其他制度的制定和落实提供概括性引导和总领性保障。两项制度相互配合，共同确保监督工作"管人""管事""管纪律"，为各项水利监督制度奠定了良好的基础，也是水利监督工作长效开展的重要前提。基础类监督制度包含的制度，如图5-2所示。

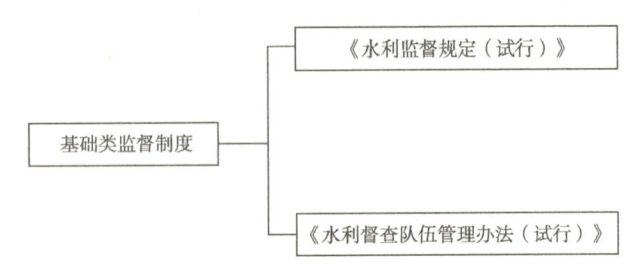

图5-2　基础类监督制度示意图

1.《水利监督规定（试行）》主要内容

在所面临的新形势下，为更高层次、更广范围、更深程度全面推进水利监督工作，《水利监督规定（试行）》对水利监督工作作出了多项系统性规定，包括水利监督的一般原则、监督机构及职责、监督方式和程序、责任追究以及监督纪律等方面的内容。作为水利监督工作的统领性制度，《水利监督规定（试行）》的制定目的在于明确水利监督职责，细化水利监督要求，规范水利监督行为，加强对各级水行政主管部门履行水行政管理职责及组织开展水利重点工作的监督，《水利监督规定（试行）》主要包括以下内容。

（1）明确水利监督的含义和监督范围。《水利监督规定》对水利监督的含义进行了制度性阐释，即水利监督是指各级水行政主管部门依照法定职权和程序，对水资源、水利工程以及水行政主管部门贯彻落实国家水利方针政策、履行水行政管理职责和组织开展水利重点工作情况实施的监督检查，包括从规划、审批、建设、运行、维护水利工程建设全过程监督和开发、利用、节约、保护、管理水资源和防治水害全方位监督。

水利监督的范围应当包括如下主要事项：监督检查重大水利政策、决策和重点工作落实情况；监督检查大江大河、中小河流规划实施情况；监督检查水资源开发、利用、保护和节约使用情况；监督检查国内、国际河流岸线保护管理和湖泊管理保护情况；监督检查水土保持、水生态修复和水源地保护情况；监督检查水量分配、跨流域调水、取水许可证制度执行和水资源有偿使用情况；监督检查农村饮水安全和小水电开发建设情况；监督检查水旱灾害防治和安全度汛情况；监督检查水利工程建设情况；监督检查水利工程安全运行和管理情况；监督检查水利资金使用、投资完成及计划执行情况；监督检查水利科技推广应用情况；监督检查水利信息化建设和应用情况；监督检查水文管网、地下水检测、分水口门设置等水利基础设施运行和管理情况；监督检查与上述职责有关的项目设计指导思想、设计质量情况；监督检查水政监察和水行政执法工作开展情况及履行法律、行政法规规定的其他相关水利监督职责。

（2）明确水利监督机构类别。《水利监督规定（试行）》明确规定，水利部和地方各级水利部门所属的监督机构，具体负责实施水利监督工作。水利监督机构对本级水利部门负责，并接受上级水行政监督机构的业务指导和监督。水利监督机构可以依据法律法规和规章，建立水利监督队伍，委托水利监督队伍行使相应的执法监督职权。水利监督队伍指水利监督总队、水利监督大队。各级水利部门的水利监督机构和水利业务管理机构应当协调配合开展水利监督工作。

（3）细化水利监督机构的职责。水利监督机构负责水利监督工作的统一归口管理、统一组织实施、统一规范程序、统一行政处罚，水利业务管理机构按照工作职责做好具体监督管理工作。水利监督机构的监督职责为对水利法律、法规、规章和国家水利方针政策的遵守和执行情况进行监督检查；指导协调水利行业监督检查体系建设；组织查处水事违法案件，并向业务管理机构反馈监督结果及意见；组织实施本部门内部监督检查；受理对水事违法行为的检举、控告以及法律、法规规定的其他监督检查职责。

（4）明确水利监督的方式和程序。《水利监督规定（试行）》明确规定，水利监督工作可以采取的方式包括：飞检、调查、调研、检查、稽查等方法，以及以"四不两直"方式开展工作。"四不两直"是指：①"四不"：检查前不发通知、不向被检查单位告知行动路线、不要求被检查单位陪同、不要求被检查单位汇报；②"两直"：直赴项目现场、直接接触一线工作人员。此外，应当明确水利监督可采用的"查、认、改、罚"四个关键环节和督查流程。具体而言："查"，是指检查发现问题，主要方式是"四不两直"；"认"，是指被检查单位对检查发现的问题定性存有异议，问题性的认定有一定复杂性，检查单位与被检查单位共同选定第三方进行认定；"改"，是指被检查问题的责任单位对问题的整改，以及被检查单位的上级部门对问题整改的验收和督促；"罚"，是指检查单位根据被查问题的性质、严重程度，按照有关法律法规、部门规章实施的责任追究。以上规定具体、明确，具有可操作性，可使监督得以全面落实。

（5）明确责任追究的主体和追究方式。《水利监督规定（试行）》明确提出按照问题清单进行监督检查，并依据监督结果进行责任追究，为其他各项水利监督制度的问题清单式监督提供了依据。《水利监督规定（试行）》将责任追究分为个人责任追究、单位责任追究和监督单位责任追究，并按照《中华人民共和国行政处罚法》《中华人民共和国行政强制法》及国务院有关规定进行细化，国务院水行政主管部门按照不同类型事项制定监督检查办法，明确责任追究。其中，个人责任追究指向被发现问题的直接责任人，以及对直接责任人监督工作失职的单位直接管理责任人和领导责任人；单位责任追究指向根据被检查发现问题的直接责任单位，以被发现问题的数量、性质、严重程度作为追责考量依据，按照问题数量累计计算对直接责任单位的上级领导单位进行监督失职的责任追究。对监督单位责任追究以发现问题累计值为基础，以问题的责任主体为主线，逐级对各个上级主管单位进行监督不到位的责任追究。同时，《水利监督规定（试行）》明确将县级以上水利部门作为检查发现问题整改的监督责任主体，流域管理机构及水利部抽查县级以上地方水行政主管部门监督责任落实情况，凡没有按照要求进行整改或整改不到位的县级以上水利部门，水利部停止审批新增项目。通过对相关问题督促整改并进行追责，以起到威慑各级水利部门在水利工作中懒政怠政、履职不到位的行为的作用，促使各级政府积极正视水利工作中存在的各项问题并积极整改，责任进一步落实，工作履职意识进一步强化，有力推动各项水利工作开展。

除此之外，《水利监督规定（试行）》还对水利监督的程序、纪律等作出了相应的规定，保障国家水利工作方针政策和决策部署的顺利执行，为完善水利监督制度体系建设提供基础性保障。

2.《水利督查队伍管理办法（试行）》主要内容

《水利督查队伍管理办法（试行）》通过对于监督队伍的保障规范，进一步强化各级水利监督职能，细化督查队伍具体职责，科学管理组织、人员、工作和绩效，规范水利督查队伍管理，提高监督能力和水平，为水利督查队伍建设和能力提升提供支撑。为强化水利监督职能，进一步细化各督查队伍具体职责，明确对组织、人员、工作和绩效的管理，构建上下协同的水利监督管理体制，《水利督查队伍管理办法（试行）》主要从以下几个方面规范水利督查队伍的建设和管理。

（1）明确水利督查队伍组织机构及其职责。依据《水利督查队伍管理办法（试行）》，水利督查队伍包括承担水利部督查任务的组织和人员。《水利督查队伍管理办法（试行）》所称督查，是指水利部按照法律法规和"三定"规定，对各级水行政主管部门、流域管理机构及其所属企事业单位等履责情况的监督检查。在具体职责划分上，水利部水利督查工作领导小组负责领导水利督查队伍的规划、建设和管理工作；水利部水利督查工作领导小组办公室负责统筹安排水利督查计划，组织协调水利督查队伍督查业务开展，承担交办的督查任务；水利部各职能部门负责指导水利督查队伍相关专业领域业务工作，配合水利部督查办开展专项督查；水政执法机构负责涉及查处公民、法人、其他组织水事违法行为，对其实施行政处罚、行政强制；部相关直属单位依据职责分工承担有关督查任务执行、督查工作实施保障等工作；流域管理机构应当设立水利督查工作领导小组及其办公室，组建督查队伍，负责指定区域的督查工作；水利督查队伍应当建立健全责任分工、考核奖惩、安全管理、教育培训等规章制度。

（2）明确人员管理和工作管理。在人员管理方面，《水利督查队伍管理办法（试行）》规定从事水利督查工作的人员应为在职人员，并应满足一系列条件，水利部水利督查人员需通过督查上岗培训考核，包括岗前培训和业务培训。地方水利督查队伍建设中，也应设立督查人员聘用考核机制，对培训考核合格的，统一发放水利督查工作证，以严格把关监督人员专业能力，确保监督队伍的专业化。还应明确水利督查人员的权利义务、工作纪律、责任追究以及贡献表彰，贯彻落实权责一致，严格规范水利监督工作。

在工作管理方面，《水利督查队伍管理办法（试行）》明确规定水利督查队伍应以法律、法规、规章、规范性文件和技术标准等为督查工作依据，并且明确水利督查队伍开展督查工作应坚持暗访与明查相结合，以暗访为主，工作过程实行闭环管理，强化发现问题、确认问题、整改问题、责任追究，即"查、认、改、罚"四个关键环节，并根据水利行业实际情况，确定年度水利监督重点任务，坚持以问题为导向，通过"查、看、问、访、核、检"等方式贯穿督查全过程。水利督查队伍应根据督查任务，结合工作实际，制定督查方案，具体应包括督查内容、督查范围、分组分工、督查方法、时间安排、有关要求等，确保水利部交办的监督检查任务有效落实。除此之外，《水利督查队伍管理办法（试行）》还对现场督查工作要求和现场督查安全要求作出相应规定，建立成功反馈机制和整改跟踪机制。

（3）明确水利监督工作保障。面对新形势下各流域管理机构、省级水利部门均普遍反映现场检查所需仪器设备、车辆等保障不够完善，监督检查人员野外补贴补助保障不足以支撑监督检查日常开销等问题。《水利督查队伍管理办法（试行）》明确将预算保障、用车保障、装备保障、基础设施保障、信息保障及待遇保障纳入规定范围。具体而言，在预算保障方面，各水利督查队伍应根据年度工作目标、任务和工作计划，合理编制预算，纳入年度预算。在用车保障方面，水利督查队伍开展工作应当保障工作用车，严格车辆管理，保证行车安全。在装备保障方面，水利督查队伍开展工作应当配备必要的工作装备和劳保防护用品等，保障督查工作安全高效。在基础设施保障方面，水利督查队伍应合理设置相关服务设施，积极利用水利行业河道管理所、水文站点、执法基地等资源，为水利督查人员开展工作创造便利条件。在信息保障方面，水利督查队伍应充分利用督查业务信息管理平台、终端等设备设施，通过督查业务各环节"互联网+"管理方式，发挥支撑作用，实现问题精准定位、全程跟踪，提高督查工作实效。在待遇保障方面，水利督查队伍应按国家和水利部有关规定制定合理的工时考勤、加班加时等办法，给予水利督查人员与工作任务相适应的待遇保障，为水利督查人员办理人身意外伤害保险。由此为这些保障的落实提供充足依据，推动解决监督队伍存在的突出共性困难，进一步激发监督人员工作的积极性，增强工作士气，保证水利监督队伍和谐稳定、积极向上，提升监督效率。

（4）明确绩效管理方式。在人员考核上，《水利督查队伍管理办法（试行）》明确规定水利督查队伍督查工作绩效管理实行年度考核制，每年考核一次，考核实行赋分制，考核内容覆盖能力建设、监督检查、工作绩效、综合评价等全方面。在地方水利监督队伍建设中，也应由督查办或兼任其职责的部门负责地方监督队伍的工作考核，且考核结果纳入年度综合考评，作为干部任用、考核、奖惩的参考。

3. 进一步修订完善基础性监督制度的基本构想

《水利监督规定（试行）》《水利督查队伍管理办法（试行）》于2019年初发布，两项制度为水利监督工作的长效开展提供了管理、组织、流程等多个方面的制度保障。但随着当前水利监督工作逐步向纵深发展，结合当前水利监督工作的实践反馈情况，目前两项制度仍有进一步完善的需要。

（1）应当进一步厘清"综合监督、专职监督、专业监督、日常监督"四个层级监督工作之间的关系。经过两年多的实践检验，目前水利监督工作已经形成了由各级水利部门专业监督机构负责综合监督、专职督查队伍负责专职监督、各个业务管理部门负责专业监督、流域管理机构和地方水利部门在日常水利工作中不断强化日常监督的多层级监督工作体系。目前，相关内容已经在两项基本制度中有所体现，但是各类监督的具体内涵还需要进一步厘清，各类监督之间的配合衔接机制也需要进一步进行规定，进一步提高制度体系的系统性。

（2）应当强化关于监督考核评价的相关规定。为了更好地提高各级水利部门对于监督工作的主体责任意识，应当规定进一步强化对于水利监督成效和问题整改成果的考核，将各项相关工作进行量化分析，形成科学的监督评价指标体系。由水利部负责每年度以省为单位开展监督考核评价，将结果进行公开公示，并在干部选拔、工作考核中作为重要参考，奖优惩劣，进一步提高水利监督威慑力和行业公信力，进一步强化制度体系的效力性。

（3）应当进一步细化对于督查队伍的保障机制。目前《水利督查队伍管理办法（试行）》对于水利督查队伍的组织管理进行了较为详细的规定，提出了队伍保障的各项要求，但是受制于政策、编制、资金等实际情况，很多制度措施不能有效落实，因此应当进一步细化相关规定。在督查队伍组建方面，规定督查队伍可依托现有的下属企事业单位人员组建，也可根据人员编制条件新建，没有条件组建督查队伍的可采取政府购买服务等方式落实。在资金保障方面，规定加大资金投入力度，特别是要加强对"四不两直"等监督检查以及一线监督人员必要的工作经费，确保监督检查的深度、广度和质量满足水利行业强监管的需要，进一步增加制度体系的实用性。

（二）综合类监督制度

在通过基础类监督制度对水利监督工作的体制机制进行保障的基础上，需要进一步通过综合类监督制度对于重点监督工作的方式、程序进行规范，并对于水利行业监管工作中贯彻决策部署不力、履职不到位、工作效率低下等行为进行监督。进一步提高水利监督工作的能效，强化水利监督工作的权威性和公信力，确保监督工作实现规范化、常态化、法治化，确保水利重大政策、决策部署贯彻落实，促进各级水行政管理单位依法履职。综合类监督制度在建立健全水利监督制度体系中起着至关重要的作用，为落实"水利工程补短板、水利行业强监管"总基调、推动水利监督各项工作的顺利进行提供有力保障。综合类监督制度主要包括《水利部特定飞检工作规定（试行）》《水利行业监督考核评价方法》《水利行业监督信息公示管理办法》《水利行业懒政怠政监督检查办法》《水利部督办工作管理办法》在内的五项制度。本研究重点介绍《水利部特定飞检工作规定（试行）》《水利行业监督信息公示管理办法》《水利行业懒政怠政监督检查办法》《水利部督办工作管理办法》四项制度的主要内容。综合类监督制度，包含的制度如图 5-3 所示。

综合类监督制度
- 《水利部特定飞检工作规定》
- 《水利行业监督考核评价方法》
- 《水利行业监督信息公示管理办法》
- 《水利行业懒政怠政监督检查办法》
- 《水利部督办工作管理办法》

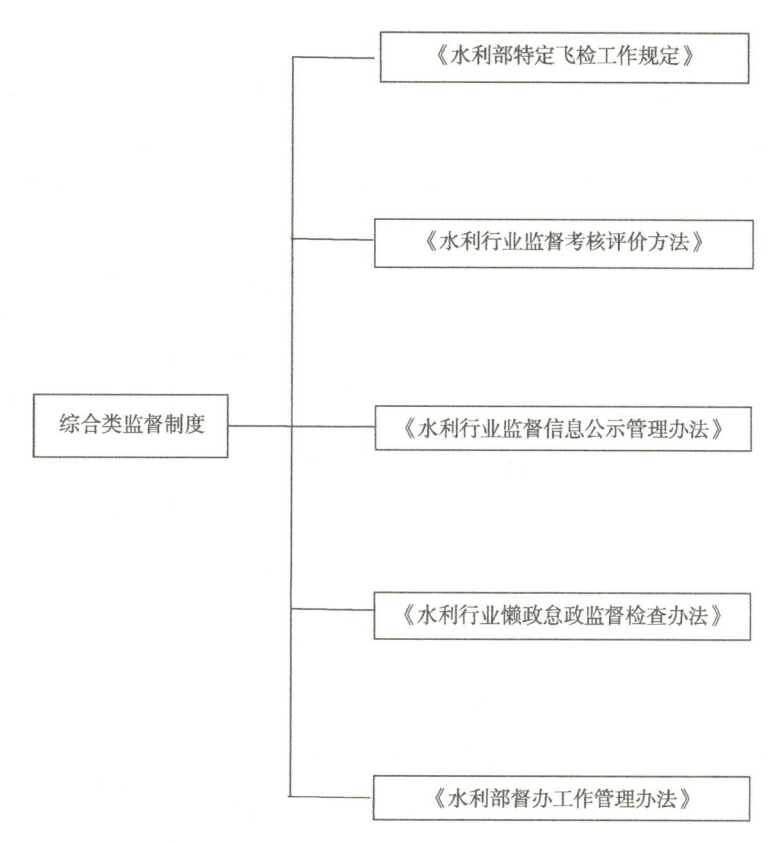

图 5-3　综合类监督制度示意图

1.《水利部特定飞检工作规定（试行）》主要内容

特定飞检是水利监督检查工作的新方式之一。为加强水利行业对于特定飞检工作的重视，强化问题警示作用，同时规范特定飞检工作的工作机制、工作职责、工作内容和工作程序等，水利部制订《水利部特定飞检工作规定（试行）》。制度内容主要包括以下几个方面。

（1）明确责任追究对象、方式及从重追究情形。《水利部特定飞检工作规定（试行）》中将责任追究明确区分为对单位责任追究和对个人责任追究。单位包括直接责任单位和领导责任单位。其中，领导责任单位包括负有领导责任的各级行政主管单位或业务主管单位（部门）。个人包括直接责任人和领导责任人。其中，领导责任人包括直接责任单位和领导责任单位的主要领导、分管领导、主管领导等。对责任单位的责任追究可采取责令整改、警示约谈、通报批评等方式；对责任人的责任追究可采取责令整改、警示约谈、通报批评、建议调离岗位、建议降职或降级、建议开除或解除劳动合同等方式。

水利部直接或责成流域管理机构对整改情况组织核查，对整改到位的问题予以销号；对未按规定时限整改或整改不到位的问题实施从重责任追究。被检查单位对通过特定飞检发现的问题要全面排查，汲取教训，杜绝同类问题重复发生；对被检查单位管辖范围内重复发生的同类问题实施从重责任追究。

（2）明确跟踪整改机制。特定飞检发现问题后，水利部下发"典型问题整改通知"，提出即时整改要求；对可能危害人民群众生命财产安全、影响水利行业改革推进和发展、威胁工程安全或不立即处理可能产生严重后果的问题，水利部委托或责成有关单位实施驻点监管，跟踪问题整改落实。被检查单位对照"典型问题整改通知"要求组织整改，明确整改措施、整改时限、整改责任单位和责任人等，并将整改结果上报水利部。

2.《水利行业监督信息公示管理办法》主要内容

为开展水利督查信息平台建设工作，推动水利工作信息共享机制形成，实现水资源、水环境、水生态监督信息的跨部门共享，为多部门资源共享、多部门统一监督、多部门联合监督执法提供制度保障，提高水利监督的信息化水平，《水利行业监督信息公示管理办法》主要对以下几个方面进行了规定。

（1）明确适用范围。《水利行业监督信息公示管理办法》中明确将适用范围规定为水利行业监督信息的收集、报送、制作、审核、上传、发布、移除等的公示管理。具体而言，水利行业监督信息是各级水利监督机构对行业管理相关单位及其工作人员开展有关管理工作检查督查发现相关问题的信息，包括监督检查的对象、监督检查发现的问题、相关单位及个人应当承担的责任、整改措施和期限要求等。本办法旨在构建水利监督信息平台，为水利监督工作提供信息保障，而水利行业监督信息公示系统是水利行业监督信息公示管理的主要载体，在公示过程中应遵循实事求是、及时准确、公正公开的原则，应当满足水利监督工作的实际需要，提高系统运行能力，加强数据信息运用，保证数据信息安全。

（2）明确组织机构及其职责。《水利行业监督信息公示管理办法》在《水利监督规定（试行）》对水利部水利督查工作领导小组职能定位的基础上，进一步细化水利部专职监督机构职责，明确由水利部专职监督机构对行业监督信息公示工作统一归口管理、统一组织实施、统一规范程序。主要相关职责包括：制定行业监督信息公示的标准和程序；建立行业监督信息公示系统（平台），维护信息系统的运行；组织协调相关单位收集、整理监督信息；及时制作、审核、上传、发布、移除监督信息；向有关监督对象反馈监督信息，提出整改意见；对监督公示信息进行分析研究，及时发现行业管理的风险隐患，并提出改进意见。各流域机构及各省级水行政主管部门、水利监督机构负责及时收集、整理、报送监督信息，保证所上传信息的真实、准确、完整，并及时提出移除相关监督信息的申请。

（3）明确公示方式及程序。《水利行业监督信息公示管理办法》规定，监督信息主要通过"行业监督信息公示系统（平台）"完成公示的各程序环节。该公示系统主要供行业内部访问。需要对社会公开的，按照政府信息公开的规定办理。此外，可以根据工作需要，不定期将监督信息汇编成册，供决策参考。信息公示主要包括以下程序：一是各流域机构及各省级水行政主管部门水利监督机构根据监督工作反馈的情况，收集、整理各项监督信息；二是各流域机构及各省级水行政主管部门、水利监督机构通过公示系统向水利部专职监督机构报送监督信息；三是水利部专职监督机构审核报送的监督信息；四是水利部专职监督机构发布监督信息。同时，《水利行业监督信息公示管理办法》对监督信息的公示和移除也作出了相应规定，以确保准确及时反映整改效果。

3.《水利行业懒政怠政监督检查办法》主要内容

为有效解决水利工作中存在的懒政怠政问题，确保国家重大水利决策部署以及任务目标的有效贯彻落实，促进水利工作人员依法履职、改进作风、提升效能，在水利行业形成政令畅通、令行禁止、依法办事、务实高效、开拓进取的良好氛围、正确认识，进一步抓好干部作风建设，强化行政责任担当，增强行政服务意识，《水利行业懒政怠政监督检查办法》主要对以下几个方面作出了规定。

（1）明确监督检查的内容。《水利行业懒政怠政监督检查办法》详细列举了实践中可能出现的懒政怠政行为具体情形，并将其进行类型划分，具体可分为贯彻水利决策部署不力、制定政策失误、履职不到位、效率低下，行政行为失当、损害群众利益以及作风涣散、纪律松懈等四类。

（2）明确监督检查的方式和程序。在监督检查的方式上，《水利行业懒政怠政监督检查办法》主要是通过对各种问题线索开展调查懒政怠政问题，该办法规定，监督检查机构应当通过懒政怠政专项检查、临时检查等方式，督促重大决策部署以及工作任务目标的贯彻落实，确保各级水利部门依法行政、政令畅通、令行禁止。同时可视情况采取不发通知、不打招呼、不听汇报、不用陪同接待、直奔基层、直插现场的方式进行，并可根据实际情况采用网络信息化手段。在开展懒政怠政监督检查工作时，应当制定严密细致的工作方案，保证监督检查工作的严肃性和时效性。在监督检查的程序上，《水利行业懒政怠政监督检查办法》明确了问题线索研判与使用程序、临时检查的启动程序、工作措施、调查核实程序、约谈报告程序、工作报告与结果公开程序等一系列程序，保障监督检查工作的顺利落实。

（3）明确责任追究的对象、方式和从重、从轻或减轻处理情形。《水利行业懒政怠政监督检查办法》制定了懒政怠政问题清单，将责任追究的对象分为懒政怠政责任单位和懒政怠政责任人员，并对二者的责任追究方式进行了区分规定。在责任追究前，将懒政怠政问题做好分级规定，以便于确定具体的责任后果，使责任的追究能够落实。同时明确从重、从轻或减轻处理的具体情形，使责任的追究适当有度。

4.《水利部督办工作管理办法》主要内容

近年来，为进一步加强水利政务监督工作，确保新时代治水方针和党中央、国务院重要决策部署以及水利部的各项重要工作安排有效落实，切实提高水利重要事件处置效率和质量，水利部提出将重点工作纳入督办事项进行监督考核，为了推动督办工作规范化、制度化、科学化，水利部专门制定了《水利部督办工作管理办法》，对水利部督办工作的责任、流程、方式、考核等方面，提出了多项规定。

（1）确定水利监督工作中督办的概念。水利监督工作中的监督是指政务督办，督办对象是部机关各司局和部直属各单位；督办事项是指纳入督办管理的各项重点水利工作事务。

（2）明确督办工作中各个部门的具体责任。其中，办公厅负责组织督办工作，开展立项、催办、考核等工作；监督司负责制度督办工作监督检查方案，对督办材料进行复核，执行督办考核等工作；其他各个司局负责按照督办工作要求积极执行各项督办事项。

（3）明确督办工作流程及督办事项的考核标准与追责方式。督办工作流程包括立项、催办、检查、考核、评价、反馈及通报等；明确了督办事项的考核标准和追责方式，并对督办成果的运用提出了具体的要求，确保督办工作得到各个部门、单位的重视，认真履行督办事项相关职责。

5. 进一步修订完善综合类监督制度的基本构想

综合类监督制度作为对水利行业各领域均能涉及的重点工作，以及各级水利部门内部的各项政务工作进行监督的关键制度，对提高行业管理水平，树立行业作风具有重要作用。目前，随着水利督办工作和特定飞检工作的深入开展，综合类监督制度还有进一步完善的空间。

（1）加强各项监督工作的协调配合。督办事项和特定飞检两项工作均是对水利重点工作进行监督，但两项工作之间相互独立，信息不能实现有效对接，在一定程度上影响了监督工作的效能。应当在两项制度中规定，督办监督检查和特定飞检，以及其他监督检查工作应当相互协调，对流域管理机构的督办监督检查可以与特定飞检合并开展，实现信息共享，进一步优化监督工作机制。

（2）进一步细化特定飞检的工作内容。随着水利监督工作不断向纵深发展，目前水利监督的方式逐步丰富，多种监督工作同步开展。在实践中，特定飞检已经逐渐有了新的工作内容，即由水利部领导组织开展的，针对群众反映强烈的、社会影响较大的、时效性极强的重大水利问题开展突击检查，确保相关问题能够得到充分重视，及时处理，尽快整改。因此，在《水利部特定飞检工作规定（试行）》中也应对特定飞检的概念进一步准确描述，确保制度与工作实践相统一。

（3）对督办不合格事项、特定飞检重大问题以及已查实的懒政怠政问题开展复查核查。目前综合类监督均是针对水利重大问题、关键环节进行监督，但是缺少对于整改情况和责任追究复核的规定。应当规定对于督办不合格事项、特定飞检重大问题，以及查实的懒政怠政问题开展"回头看"等相关复查、核查工作，进一步提高各级水利部门的主体责任意识。

（三）专业类监督制度

专业类监督制度覆盖水利工程管理领域、水利资金领域、信息化领域、水资源领域等11个重点领域，本研究专业类监督制度的设计是实现水利监督制度体系系统性、完整性的重要组成部分，为水利监督工作在重点领域的深入推进提供行为规范和制度保障。2019年，全国水利工作会议重点提出，以实现对水利工程、水利资金、水资源、水土保持、江河湖泊、行政事务工作的全面监管。2020年，全国水利工作会议再次强调，在上述监督重点的基础上，还要突出水旱灾害防御、小型工程运行、三峡和南水北调重大工程监管。为确保对上述水利重点领域的全覆盖，专业性监督制度涉及水利工程管理领域、水利资金领域、信息化领域、水资源领域等11个重点领域，共涉及19项制度，均是各专业领域中的重点监督任务，是水利专业监督的重要制度依据。

这里将在对19项监督制度进行梳理的基础上，重点围绕上述专业领域，对各项制度进行分析。其中，水利政务相关监督制度已在综合类监督制度中进行分析，在此不再赘述。专业类监督制度，如图5-4所示。

1. 水利工程管理领域

对水利工程建设、运行开展有针对性的监督，提高工程监督效能，是长久以来水利监督工作的重点关注内容。按照全国水利工作会议的要求，水利工程管理要在抓好水利工程建设进度、质量、安全生产等方面监督的同时，以小型水库以及三峡和南水北调重大工程等为重点，加大对工程安全规范运行的监督检查。据此，按照新时代水利改革发展工作总基调的要求，为了实现水利工程建设运营全流程全覆盖监督，水利工程领域应当包括《水利工程建设质量与安全生产监督检查办法（试行）》《水利工程合同监督检查办法（试行）》《水利工程运行管理监督检查办法（试行）》《小水库安全运行监督检查办法（试行）》《水利工程质量责任终身追究监督检查办法》及《水利工程勘测设计失误问责办法（试行）》6项制度。

其中，《水利工程建设质量与安全生产监督检查办法（试行）》《水利工程合同监督检查办法（试行）》《水利工程运行管理监督检查办法（试行）》对水利工程设计建设过程中的关键环节进行监督，通过对于水利工程的设计、建设、运行、管理等全生命周期的监管，实现对于水利工程监督的全覆盖。上述三项制度在设计中的共性主要包括以下内容。

（1）制定问题清单。该三项制度均采取对水利工程建设、运行中的违规行为列出详细问题清单的方式，从而明确问题分类、问题等级以及问题认定的标准，在水利监督检查中实行清单式管理，实现对于水利工程建设管理监督的全覆盖。其中，水利工程建设质量、安全生产管理问题清单1 173条；合同管理问题清单270条；运行管理问题清单666条。

（2）进行问题分类。该三项制度在对水利工程建设运行中存在的问题

第五章 新时代水利监督制度体系构建

```
专业类监督制度
├─ 水利工程管理领域
│   ├─《水利工程建设质量与安全生产监督检查办法（试行）》
│   ├─《水利工程合同监督检查办法（试行）》
│   ├─《水利工程运行管理监督检查办法（试行）》
│   ├─《小型水库安全运行监督检查办法（试行）》
│   ├─《水利工程质量责任终身追究监督检查办法》
│   └─《水利工程勘测设计失误问责办法（试行）》
├─ 水利资金领域 ─《水利资金监督检查办法（试行）》
├─ 信息化领域 ─《水利网信建设和应用监督检查办法（试行）》
├─ 水资源领域 ─《水资源管理监督检查办法（试行）》
├─ 节水领域 ─《节约用水监督检查办法》
├─ 水土保持领域
│   ├─《水土保持工程监督检查办法（试行）》
│   └─《生产建设项目水土保持监督检查办法》
├─ 河湖管理领域 ─《河湖管理监督检查办法（试行）》
├─ 农业用水领域 ─《农村供水工程监督检查办法（试行）》
├─ 防洪抗旱领域
│   ├─《水工程防洪抗旱调度运用监督检查办法（试行）》
│   └─《汛限水位监督管理规定（试行）》
├─ 移民领域 ─《水库移民工作监督检查办法》
└─ 水文领域
    ├─《水文监测监督检查办法（试行）》
    └─《水质监测监督检查办法》
```

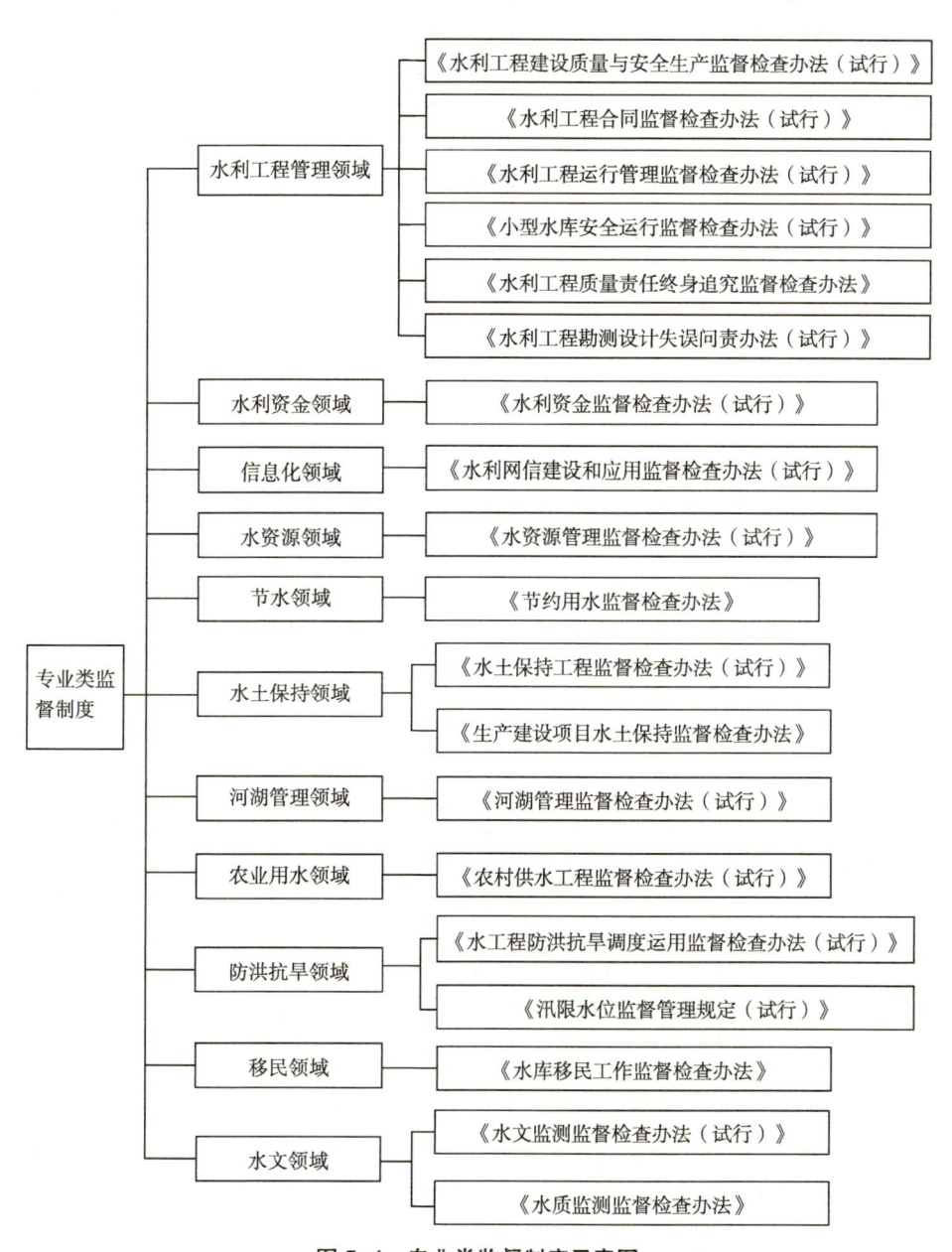

图 5-4 专业类监督制度示意图

进行分类时都采用了工作违规行为和工程实体缺陷两种问题分类。一是工作违规行为。对于两类问题的具体问题认定和责任追究各不相同，在《水利工程建设质量与安全生产监督检查办法（试行）》《水利工程运行管理监督检查办法（试行）》中，将质量问题确定为质量管理违规行为、安全生产管理违规行为和质量缺陷。在水利行业首次将违规行为作为问题认定和责任追究的依据引入监督检查办法。二是问题等级。在三项办法中，无论是工程实体缺陷还是工作违规行为问题，都按照问题的情节严重性将其划分为严重、较重、一般三个等级，主要依据前面提到的法律法规和规程规范编制。这些规定，除了有明显违法问题外，大部分问题在规程规范中没有问题严重程度划分。除相关法律法规之外，这是水利行业首次通过制度对于工程建设运行问题严重程度进行认定，从制度层面进一步明确了对于水利工程建设运行各个环节的重视。

（3）明确问题整改。该三项制度中明确问题整改的责任主体是被检查单位，即工程管理单位和设计建设施工单位。同时明确，被检查单位的上级管理单位有督促和检查整改完成情况的责任。对不能按期整改或整改不到位的单位，实施责任追究。问题整改，除了明确直接被检查单位为责任主体单位外，又明确了上级单位的行政领导责任，这项制度对落实各级水利部门的主体责任，促进问题整改，扭转水利工程"重建轻管"的状况均起到制度保障作用。

此外，《水利工程合同监督检查办法（试行）》是针对当前水利工程合同中各类问题进行监督检查的制度。水利工程施工项目具有施工规模大、施工持续时间长、施工流程复杂等特点。为了保证水利工程项目可以有序开展，避免产生合同纠纷，需对水利工程合同风险进行有效监管，确保整个工程的施工质量。《水利工程合同监督检查办法（试行）》将监督重点着眼在合同的签订履行的各个关键环节，明确对合同管理规章制度的制定及执行情况。依照《中华人民共和国民法典》的规定，进一步细化水利工程合同的订立形式、合同内容、合同当事人的权利与义务、合同的验收标准以及合同分包的具体要求等内容，将普遍性的问题具体化，增强其可操作性。同时明确将责任单位发生转包、违法分包、出借、借用资质的规定为属特别严重合同问题，并详细列举其具体情形，对于出现特别严重的合同问题，除依据办法规定进行通报批评或建议解除合同外，还要在全国水利建设市场监管服务平台公示6个月。该办法还应就转包、违法分包、出借借用资质的具体情形进行列举。

《水利工程质量责任终身追究监督检查办法》是以国家工程质量终身责任为重点进行监督的制度。在对各类水利工程建设管理进行监督检查的基础上，为了确保将工程质量主体责任明确落实到人，各项水利工程建设质量有人负责，《水利工程质量责任终身追究监督检查办法》对项目法人、勘察、设计、施工、监理单位、检测单位这六类质量责任主体的项目负责人，应当承担的具体责任、实施责任追究的情形以及相关的信用惩戒进行了规定，对于参与水利工程建设的各类单位的具体职责进行进一步规范，确保对水利工程建设质量终身负责，失责必究。通过对水利工程质量责任进行终身追究，能够有效地控制参与建设单位的安全施工与设计、监管等问题，从而有效地控制工程质量，促进了建筑市场的良性循环竞争。此外实施工程质量责任终身追究还能督促相关参与建设单位对不同专业、不同层次的水利工程进行多层次的质量风险管理，能够保证各单位之间密切衔接配合。

《小型水库安全运行监督检查办法（试行）》是以小型水库的运行管理作为监督检查重点的制度。小型水库的运行管理一直是水利工程监管的薄弱环节，我国小型水库数量众多，分布广泛、产权复杂，存在着管理界限不明、管理权责不清、运行资金不足、配套设施不完善、运行水平较差等一系列问题，需要全面加强小型水库安全运行管理，确保小型水库度汛安全。将小型水库监督的相关工作规定进一步强化。明确地方人民政府按照要承担小型水库运行管理的主体责任，对管辖范围内小型水库安全运行负总责，组织、监督和指导小型水库"三个责任人""三个重点环节"，对工程安全运行问题整改等工作的落实。小型水库主管部门、业主单位是小型水库安全运行问题的第一责任人，负责所属水库的安全管理、运行和维护，严格履行各项职责，保证水库安全和效益发挥，对安全运行问题进行自查自纠、问题整改等相关工作。同时，根据小型水库建设运行的特点，在水库安全运行管理问题清单的基础上，提出了124条工作违规行为和工程实体缺陷问题清单，涵盖了水库安全管理责任制落实情况；水库管理机构和管理人员落实情况；水库管理人员经费和工程维修养护经费落实情况；水库安全运行管理规章制度建立和执行情况；工程设施维修养护情况；水库安全隐患处置情况等主要存在风险隐患的方面，确保监督工作更加具有针对性。

2. 水利资金领域

水利资金领域仅包含一项制度，即《水利资金监督检查办法（试行）》，旨在加强水利资金监督管理，防范资金风险，保障资金安全，发挥资金效益，主要包括以下几点内容。

（1）明确监督检查内容方式及程序方法。依据《水利资金监督检查办法（试行）》，水利资金监督检查应当包括对项目立项、设计、实施、验收、后续管理等全过程资金管理和使用行为的监督检查，对水利资金的监督检查可采取资金稽察、专项检查、专项审计等方式进行。水利资金监督检查可采取的程序与方法包括以下几种：一是听取直接责任单位资金管理与使用工作介绍，向相关单位问询了解情况；二是查阅有关设计及批复文件，查阅计划文件及台账、统计报表等资料；三是核查有关招投标文件、合同文本、结算票据、财务账簿、财务报表、会计凭证等资料；四是实地、实物核对项目资金使用情况；五是与相关人员座谈，走访周边群众，核查实施内容；六是对发现问题线索组织延伸检查。在水利资金监督检查结束后，资金监督检查单位应及时编制监督检查报告。

（2）明确问题认定与问题整改。《水利资金监督检查办法（试行）》将水利资金问题根据《中华人民共和国预算法》《中华人民共和国会计法》《财政违法行为处罚处分条例》等法律和规章具体分为资金使用与管理、财务管理和会计核算3大类，在此基础上再细化为预算管理、资金筹措、资金使用、决算管理、绩效管理、财务基础及内部监督等13小类，同时将每项问题按照严重程度分为一般、较重和严重三个等级。在水利资金监督检查中应严格遵循依法依规、客观公正的原则，根据对一个项目在同一次监督检查中发现的水利资金问题数目的多少为依据实行不同的责任追究方式。水利部及流域管理机构对资金进行监督检查后，将发现的问题印发整改通知，督促被检查单位限期整改，并依据《水利资金监督检查办法（试行）》实施相应的责任追究。

3. 水资源领域

对水资源的监督，重点是要按照最严格的水资源管理制度的要求，全面监督水资源的节约、开发、利用、保护、配置、调度等各环节工作。因此，制定《水资源管理监督检查办法（试行）》，主要以水资源管理法律、法规、规章等规定为依据，紧紧围绕"合理分水，管住用水"各个环节实施全过程监管，着重强化对监管部门依法履行水资源管理职责的监督，规范水资源监督检查行为，确保最严格的水资源管理制度有效落实，主要包括以下几方面内容。

（1）明确水资源监督内容。《水资源管理监督检查办法（试行）》明确了水资源监督的重点在于对于各级水利部门的行政监督。即水资源管理监督检查是指水利部及其流域管理机构依照法定职责和程序，对各级水行政主管部门、其他行使水行政管理职责的机构及其所属企事业单位贯彻落实水资源管理法律法规，履行法定职责的监督检查。

（2）明确组织机构及其职责。根据《水资源管理监督检查办法（试行）》，水利部负责统筹协调、组织指导全国水资源管理监督工作。流域管理机构依据职责和水利部授权，负责所管辖范围内的水资源管理监督工作。地方各级水行政主管部门按照管理权限负责本行政区域内的水资源管理监督工作，并按要求做好水资源管理问题自查自纠工作。

（3）明确水资源监督事项。《水资源管理监督检查办法（试行）》重点围绕落实水资源管理法律法规，履行法定职责的情况进行监督，主要包括水量分配、用水总量控制、规划和建设项目水资源论证、取水许可（取水口监管）、生态流量管控、水资源费（税）征收有关工作、地下水管理、饮用水水源保护以及水利部水资源管理重大决策部署的贯彻落实，并根据以上各类别的具体问题制定了包含53项问题的问题清单。

4. 水土保持领域

水土保持监督工作主要分为两个方面：一方面是对于水土保持工作开展情况的监督，即对各级水利部门开展的行政监督；另一方面是对于建设项目水土保持方案制定和落实情况的监督，即对行政相对人开展的社会监督，全面监督生产建设活动造成的人为水土流失情况。水土保持领域包括两项具体制度，分别为《水土保持工程监督检查办法（试行）》和《生产建设项目水土保持监督管理办法》。

（1）《水土保持工程监督检查办法（试行）》的主要内容。《水土保持工程监督检查办法（试行）》旨在加强水土保持工程监督管理，落实建设管理责任，规范监督检查工作及参建各方的建设行为。《水土保持工程监督检查办法（试行）》主要对水土保持前期工作、计划和资金管理、组织实施、建设管理、工程质量和工程验收等方面的监督检查作出了规定。此外，《水土保持工程监督检查办法（试行）》还依据上述检查内容，制定了36条水土保持工作的监督检查问题清单。

（2）《生产建设项目水土保持监督管理办法》的主要内容。《生产建设项目水土保持监督管理办法》旨在规范和加强生产建设项目水土保持监督管理工作，督促生产建设单位依法履行水土流失防治责任，推动水利部门全面履行生产建设项目水土保持监督管理职责，主要对水土保持设施自主验收及报备、水土保持监督检查、履职督查及责任追究等方面作出了规定。《生产建设项目水土保持监督管理办法》主要是对于行政相对人开展监督检查，通过对水土保持监督检查中对跟踪检查、水土保持设施验收核查、问题的认定及处理作出细化规定，确保建设项目水土保持方案的正确制定和有效落实。

此外，水土保持监督制度还提出充分运用高新技术手段开展监测，实现年度水土流失动态监测全覆盖和人为水土流失监督全覆盖，掌握并发布全国及重点区域水土流失状况和治理成效，及时发现并查处水土保持违法违规行为，有效遏制人为水土流失。

5. 河湖管理领域

对江河湖泊的监督管理，要以河长制湖长制为抓手，以推动河长制从"有名"到"有实"为目标，全面监督"盛水的盆"和"盆里的水"，既管好河道湖泊空间及其水域岸线，又管好河道湖泊中的水体。因此，《河湖管理监督检查办法（试行）》，旨在对于河湖管理的各项重点工作进行监督检查，督促各级河长湖长和河湖管理有关部门履职尽责，重点解决影响河湖形象面貌及河湖功能的乱占、乱采、乱堆、乱建等涉河湖违法违规问题，全面强化河湖管理，持续改善河湖面貌。《河湖管理监督检查办法（试行）》主要对以下几个方面作出规定：

（1）明确监督检查内容。《河湖管理监督检查办法（试行）》明确，监督检查主要包括河湖形象面貌及影响河湖功能的问题、河湖管理情况、河长制湖长制工作情况、河湖问题整改落实情况等，并对以上四项内容的具体内容作出了详细列举，包括河湖管理制度建立及执行情况、水域岸线保护利用情况、河道采砂管理情况、河湖管理基础工作情况、河湖管理保护相关专项行动开展情况以及河湖管理维护及监督检查经费保障情况等。同时明确，水利部根据河湖管理及河长制湖长制工作进展情况，确定水利部组织的监督检查年度重点。

（2）明确监督检查方式与程序。《河湖管理监督检查办法（试行）》规定，根据年度监督检查计划组织开展的河湖管理监督检查，主要采取暗访方式。媒体曝光、公众信访举报、上级单位交办、领导批示的河湖突出问题，可以采取暗访与明查相结合的方式开展专项调查、检查、督查等。暗访应当采取"四不两直"方式开展，即检查前不发通知、不向被检查地方和单位告知行动路线、不要求被检查地方和单位陪同、不要求被检查单位汇报，直赴项目现场、直接接触一线工作人员。

此外，《河湖管理监督检查办法（试行）》对河湖监督检查的工作要求作出了具体规定，规定监督检查单位应当制定监督检查工作方案；对监督检查人员进行相关政策、法律法规、技术标准、安全知识、纪律要求培训；及时保存监督检查中产生的文字、图片、影像等资料。监督检查工作完成后，监督检查单位应当按要求及时向监督检查组织部门提交监督检查报告。

（3）明确问题分类及处理。《河湖管理监督检查办法（试行）》将河湖管理监督检查发现的问题，按照严重程度分为重大问题、较严重问题和一般问题。监督检查单位按前款规定对发现问题的严重程度进行初步认定。该办法未作出规定的，由监督检查单位根据实际情况依法、依规对问题严重程度进行认定。在认定的基础上，对不同严重程度问题的处理上进行了区分规定，制定了包含89项具体问题的问题清单。

6. 防洪抗旱领域

2020年，全国水利工作会议提出要在原有水利监督工作基础上，加强对于水旱灾害防御工作的监督力度，加强水利工程调度监督以及预警监测平台的督导检查，确保大江大河、大型和重点中型水库防洪安全，努力保证中小河流和一般中小型水库安全度汛，切实保障人民群众生命安全。水旱灾害防御监督制度共包括两项，即《水工程防洪抗旱调度运用监督检查办法（试行）》和《汛限水位监督管理规定（试行）》。

（1）《水工程防洪抗旱调度运用监督检查办法》主要内容。旨在加强水利工程防洪抗旱调度运用监管，落实调度运用责任，充分发挥水工程防洪、抗旱和应急水量调度作用，保障防洪安全和供水安全，确保水工程防洪、抗旱调度运用依法、依规。《水工程防洪抗旱调度运用监督检查办法（试行）》规定由各级水利部门和水利部流域管理机构作为水利工程防洪抗旱调度运用的监督检查单位，按照管理权限或调度权限分级负责监督检查，并对水利部及流域管理机构、地方各级水利部门的监督责任进行明确规定，确保监督职责有效履行。在此基础上，确定了7项具体的水利工作调度运用违规行为，以及问题认定和责任追究的标准。

（2）《汛限水位监督管理规定（试行）》主要内容。该制度的制定目的主要是为了加强水库汛限水位监督管理，确保防洪安全，主要适用于规定汛限水位的设定、复核和控制运行的监督管理。《汛限水位监督管理规定（试行）》明确了监督管理事项、职责和措施，提出由各级水利部门和水利部流域管理机构作为监督管理单位，按照管理权限分级负责汛限水位的监督管理，并对汛限水位设定复核。此外，《汛限水位监督管理规定（试行）》明确了水利部及流域管理机构、地方各级水利部门以及水库管理部门的具体监督职责，并提出了8项汛限水位监督的具体内容，以及问题认定和责任追究的标准。

7. 其他专业领域监督制度

除对以上重点领域进行监督外，新时代水利监督制度体系中专业性制度还包括对信息化领域、节水领域、农业用水领域、移民领域以及水文领域的监督。

（1）水利信息化领域包含一项监督制度，即《水利网信建设和应用监督检查办法（试行）》，该项制度是针对水文基础设施、水利信息化建设等相对薄弱，基础数据不全、家底不清，动态性、实时性信息欠缺的情况进行监督，强化水文及信息化监管水平。《水利网信建设和应用监督检查办法（试行）》是围绕水利信息化项目前期与立项、项目建设与实施、系统应用与运维等重点环节进行监督，确保信息化工作安全、高效、规范。

（2）节约用水领域包含一项监督制度，即《节约用水监督检查办法》，节约用水监督检查主要是对各级水利部门履行节约用水管理职责，以及用水单位用水行为进行监督检查，包括对用水效率控制、计划用水和定额管理等制度的执行情况、节水评价、节水型社会达标建设、重点用水单位监控、节水设施"三同时"制度落实、用水计量统计等工作的开展情况进行监督，确保节约用水管理职责能够有效履行。通过开展节约用水工作的监督检查，坚决抑制不合理用水需求，推进水资源节约集约利用。

（3）农业用水领域包含一项监督制度，即《农村供水工程监督检查管理办法（试行）》，旨在通过对于农村集中供水工程和由水利部门负责监管的城市供水管网延伸工程进行监督检查，进一步加强农村供水工程监督管理，提高农村供水保障水平。监督的主要内容包括农村供水工程监督检查是对水源、取水工程、输配水工程、水厂、运营管理、安全管理等各个环节建设、运行、管理、维护等方面的情况。此外，《农村供水工程监督检查管理办法（试行）》还对农村供水工程监督检查方法、问题的认定及整改、责任追究等方面作出规定。

（4）移民领域包含《水库移民工作监督检查办法（试行）》一项监督制度，《水库移民工作监督检查办法（试行）》通过对水利工程移民安置和水库移民后期扶持政策贯彻落实情况开展监督检查，促进政策贯彻落实，规范资金使用，维护移民群众合法权益，进一步督促水利水电工程移民行政管理机构落实移民工作主体责任。其中，水利工程移民安置监督检查内容包括省级移民管理机构主体责任、管理体制、配套文件、实物调查、移民安置规划（大纲）编制和审批（审核）、移民安置协议、规划实施管理、年度计划管理、项目管理、资金管理、财务管理、移民验收、档案管理、监督评估和问题整改等。水库移民后期扶持政策实施监督检查内容包括省级移民管理机构主体责任、配套文件、人口核定、后期扶持规划及方案、项目管理、资金管理、档案管理及问题整改等。

（5）水文领域包含两项监督制度，即《水文监测监督检查办法（试行）》《水质监测监督检查办法》。其中《水文监测监督检查办法（试行）》重点围绕水文测站的组织管理、水文测报、新技术装备应用、设施设备运行和安全生产等方面进行监督；《水质监测监督检查办法》主要对水质监测工作开展情况，以及水质监测数据的科学性与准确性等进行监督。

8. 进一步修订完善专业领域监督制度的基本构想

水利专业监督是水利大监督格局的重要组成部分，也是实现水利监督工作全覆盖的关键环节。目前，根据新时代水利改革发展总基调的总体要求，各个专业领域均在新时代水利监督制度体系框架内，提出制定本领域的专业监督制度，并且其中多项制度已经正式发布，为各项监督检查工作提供了有效的制度依据。但结合当前水利改革发展的需求，专业监督制度仍需进一步强化。

（1）尽快填补专业领域空白。目前，仍有多项专业监督制度仅提出了制度构想，相关制度尚未制定，如《节约用水监督检查办法》《水质监测监督检查办法》等，这些制度是相关专业领域开展监督检查的重要依据，也是构建水利大监督格局的重要组成部分，其中水文更是其他水利监督工作开展的基础，与其他水利监督制度的制定也有着密切联系，上述监督制度迟迟不能出台，影响了各项监督工作的协同推进。同时，对于已出台的各项专业监督制度，也建议根据实际情况，不断修订完善相关条款，如在《水资源管理监督检查办法（试行）》中进一步增加有关水资源调度监督检查的条款，为供水安全、水生态保护提供支撑。

（2）抓紧完善专业领域问题清单。问题清单式监督通过分析工作流程，建立监督台账，并对流程内容进行细化、量化，形成问题清单，列出清晰明细的监督内容或监督要点，实现监督检查考核按清单执行，是提高水利监督效能的重要方式，也是水利部对于当前水利监督工作的明确要求。目前，大部分监督制度已经形成了问题清单，但仍有部分专业领域未在监督制度中制定问题清单，如《水工程防洪抗旱调度运用监督检查办法（试行）》《汛限水位监督管理规定（试行）》等，容易导致监督问题模糊、监督检查缺少标准，不利于水利监督工作的标准化，也不利于形成系统完整的监督制度体系。因此，应当尽快明确各项专业制度的制定标准，将问题清单作为制度的关键要件，加快完善各项制度的问题清单。

（3）形成统一的问题责任追究标准。目前各项专业监督制度都对责任追究进行了规定，但是由于制定各项专业监督制度的部门不同，责任追究的标准并不统一。一方面，部分制度明确提出按照问题清单，根据检查出的问题数量进行责任追究，但是另外一部分制度尚未制定问题清单，责任追究的具体标准也没有确定，导致责任追究难以落实。另一方面，各项制定问题清单的专业监督制度在责任追究的宽严程度也不一致，如《水利工程建设质量与安全生产监督检查办法（试行）》《水利工程运行管理监督检查办法（试行）》提出了1 176项相关问题的问题清单，过于细致导致可操作性不强；而《水土保持工程监督检查办法（试行）》《生产建设项目水土保持监督管理办法》仅提出了36项问题的问题清单，又过于宽泛，其他各项制度的问题清单也是从十几项到几百项各不一致。因此，需要根据各领域实际情况，制定宽严标准一致的问题清单，并实施统一标准的责任追究，确保监督公平公正。

此外，作为水利行业管理的重点工作，还应增加一项水生态领域监督制度，即《水生态修复与保护监督管理办法》，结合开展流域"大治理""大保护"的工作需求，要开展对于河湖的健康评估，开展对于水源涵养、受损江河湖泊治理等重点任务的监督；强化对于水功能区的监督，严格管理和控制涉水活动，促进经济社会发展与水资源水环境承载能力相协调。

（四）程序类监督制度

程序类监督制度具有独特性价值，属于水利监督制度体系建设中重要组成部分。程序类监督制度包括《水利基建项目初步设计文件监督管理办法》《水利规划实施监督检查办法》《水利建设投资统计数据质量核查办法》三项内容。程序类监督制度包含的制度，如图 5-5 所示。

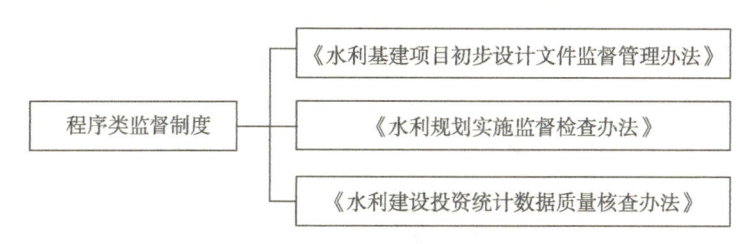

```
                         ┌── 《水利基建项目初步设计文件监督管理办法》
程序类监督制度 ──┼── 《水利规划实施监督检查办法》
                         └── 《水利建设投资统计数据质量核查办法》
```

图 5-5　程序类监督制度示意图

1.《水利基建项目初步设计文件监督管理办法》主要内容

《水利基建项目初步设计文件监督管理办法》旨在规范对水利基础设施建设项目初步设计文件的审批，加强对水利基础建设项目的监管，主要对监督检查对象、监管主要内容、监督检查方式与措施、监管程序及监督检查处理等内容作出规定。

2.《水利规划实施监督检查办法》主要内容

《水利规划实施监督检查办法》旨在加强对水利规划工作的事前指导、事中评估、事后考核工作，做好水规划实施动态跟踪问效，主要对水行政部门职责、监督内容和方式、评估考核等内容作出规定。对各项水利规划的编制和实施情况进行监督，理顺规划关系，规范规划管理，提高规划质量，更好地发挥规划对水利改革发展的统筹和引领作用。《水利规划实施监督检查办法》将对水利战略规划、水利发展规划、水利综合规划、水利专业规划进行分类监管，对于规划的立项审批、起草编制、论证审核等各个环节进行监督。在此基础上，加强对规划执行的监督管理，确保各项水利工作能够按照水利规划进度及时开展，强化水利规划在水利行业强监管中的约束作用，严格规范相关涉水行为，确保水利规划符合规范要求。

3.《水利建设投资统计数据质量核查办法（试行）》主要内容

《水利建设投资统计数据质量核查办法（试行）》旨在建立健全水利报表报送制度，强化水利投资监管工作和水利统计数据质量管理，确保进度数据不漏报、不虚报，主要对监督主体及其职责、核查内容、方式和程序等内容作出规定。对当前水利工作大规模投资的统计数据进行监督，实施投资统计数据审核和评估工作，对统计数据真实性、准确性、完整性实施有针对性的监督，确保水利投资统计数据真实可靠，为进一步摸清行业底数，推进水利行业可持续发展提供有力支撑。

4. 进一步修订完善程序类监督制度的基本构想

根据新时代水利改革发展总基调的总体要求，多项程序类监督制度在新时代水利监督制度体系框架内陆续提出，并且其中多项制度已经正式发布，为监督检查工作提供了可靠的依据。但结合当前水利改革发展的需求，程序类监督制度还可以进一步完善，强化其适用性。

（1）尽快填补尚不完善的制度空缺。目前仍有《水利规划实施监督检查办法》《水利建设投资统计数据质量核查办法（试行）》等多项程序类监督制度仅提出了制度构想，相关制度尚未制定，而这些程序类制度是开展监督检查的制度保障，也是构建水利大监督格局的重要组成部分，与其他水利监督制度的制定联系密切。

（2）将流域管理机构纳入年度考核评价范围。流域管理机构在监督的管理体制中同地方水利部门一样，是实施水利监督工作的重要责任主体，其监督职责不仅仅限于完成水利部督办事项，更要对流域内的各项水利事务实施监督，并对整改情况进行跟踪。目前，年度监督考核尚未将流域管理机构纳入考核评价体系，应当针对流域管理机构的监督职责，制定符合流域实际情况的监督考核体系，明确各项考核指标，为流域监督工作的长效开展提供制度支撑。

（3）将日常监督工作纳入指标体系。现有监督考核指标主要是根据专项监督检查的执行情况进行考核，考核内容和考评指标比较明确。但在实践中，日常监督也是水利监督工作的重要内容，日常监督执行的情况直接关系到水利行业监管的水平，因此应当在监督考核制度中将日常监督纳入考核评价体系，并明确其考核评价的量化指标和考评权重，确保监督考核评价实现对于监督工作的全覆盖，进一步扩大监督考评的适用范围。

第六章 政策建议

为了确保水利监督工作能长期顺利高效开展，提高水利监督能力和水治理水平，本书立足于新时代水利监督工作的实践现状，以问题为导向，在切实分析了水利监督制度体系建设需求的基础上，结合相关领域监督制度体系及制度制定实施的经验借鉴，从政策法规、组织体系、管理机制等方面提出了水利监督制度体系建设的若干政策建议，以求进一步完善我国水利监督制度。

一、加强政策法律建设，完善顶层制度体系

鄂竟平部长在 2020 年全国水利工作会议上指出，当前水利监督制度建设存在"少而不够用、老而不适用、粗而不实用、软而不管用"的局面。主要表现为：已经出台的个别制度实际操作性还不足；部分制度需要修订完善；"2+N"制度体系建设还不健全，仍有多项制度未颁布，相关监督检查、责任追究无制度依据；部分制度建设与现有法规制度不配套衔接，责任追究、处罚力度偏弱，震慑力不足。对此，必须按照十九届四中全会要求，把水利监督制度建设摆在更加突出的位置，加强水利相关政策法律建设与完善，完善水利监督顶层制度体系。

（一）加快水利法律法规的制定与修订

从自然资源、生态环境与交通运输领域的监督制度建设现状能够看出，这三个领域非常重视立法工作。目前，各领域均已建立起了较为完善的法律体系，并对监督管理的内容作出了非常明确的规定，为各领域监督工作的顺利高效开展提供了坚实的法律保障。自然资源领域现有法律 12 部，生态环境领域现有法律 13 部，交通运输领域现有法律 7 部，基本能够覆盖各领域所涉及的主要监管工作。以上立法的形式对各领域监管主体、监管对象、监管内容、监管手段、监管责任、处罚措施等关键问题作出了规定，层级高，效力强，强化了行政监督的制度保障。目前，相比于自然资源、生态环保、交通运输等领域，水利行业制定或修改法律的速度较慢，制约了水利监督工作的有效开展。对此，必须加快水利法律法规的制定与修订，增强水利法律法规的刚性，为水利监督提供强有力的法律保障。

（1）着力推动《中华人民共和国长江保护法》《河湖管理法》《水资

源保护法》等相关法律法规的制定，尽快补齐涉水行政管理空白领域的立法。根据2020年发布的《水利监管改革方案》的要求，水利部将围绕重点监管领域持续推动法律法规的立法工作，加快补齐水利立法欠账。因此，在河湖监管方面，水利部应当配合做好《中华人民共和国长江保护法》起草审议工作，要全面贯彻黄河流域生态保护和高质量发展座谈会及中央财经委员会第六次会议精神，开展《黄河法》立法前期工作，并在其中强化对于水利行业监督的相关条款，全面贯彻黄河流域生态保护和高质量发展座谈会及中央财经委员会第六次会议精神，落实"把水资源作为最大的刚性约束"的要求，实现水资源与人口环境及经济社会可持续发展。

同时还要尽快推动《河湖管理法》的制定，从而加强对江河湖泊的监管。在水资源监管方面，坚持"节水优先"，落实国家节水行动方案，落实"把水资源作为最大的刚性约束"的要求。而水保护是开发利用水资源的基础，是整个环境保护、资源保护的重要方面，因此要着实推动《水资源保护法》的制定，建立起水资源保护评价制度、水资源保护经济补偿制度、市场调节制度、公众参与制度、水资源污染损害评估与保险制度、水资源保护公益诉讼制度等，通过政府的管理与调控，强化对水资源的监管，同时充分利用市场机制，动员全社会参与水资源及其环境保护，实现水资源与人口环境及经济社会可持续发展。

（2）持续推动《中华人民共和国水法》《中华人民共和国防洪法》《中华人民共和国防汛条例》《中华人民共和国河道管理条例》等相关法律法规修订工作，提升水利监督威慑力和约束力。绝大部分涉水法律法规出台或修订时间较早，现行涉水法律法规体系刚性约束不足，对违法行为惩戒力度不够，水行政执法失之于软、失之于宽，缺乏震慑力，执行强监管和问责困难。尤其是自机构改革之后，水利部门职能发生了很大变化，以前的有关法律法规已经与新时期水利工作不相适应，必须尽快修订完善，抓紧出台，强化对于水利监督工作的法治保障。我国的《中华人民共和国水法》《中华人民共和国防洪法》《中华人民共和国防汛条例》《中华人民共和国河道管理条例》需要根据机构改革的情况进行调整。例如，对于河道采砂的监管，没有国家层面的法律法规予以保障，只能依据地方性法规开展监管，法律效力较低，在河道非法采砂入刑方面，存在非法采砂方量和价值认定难、时间长等问题，给基层水务部门移交非法采砂案件带来一定困难；对污水违规排放等违法行为处罚额度有限，难以起到惩戒警示作用；浪费水资源等行为尚未被列入水行政执法范畴，缺乏行政执法法律依据，不能有效规制不合理取用（排）水行为。相比生态环保、自然资源等部门修订出台法律法规的速度，水利行业完善水法规体系的速度较慢。此外，很多长期积累的水问题，受限于司法诉讼的时限制度，已过了追诉期，无法开展司法责任追究。像此类涉及刑事司法的法律问题必须统筹考虑应对之策，为强监管提供法律保障。这是当前反映较为普遍的一个问题。对此，应当强化《中华人民共和国水法》《中华人民共和国防洪法》《中华人民共和国防汛条例》以及《中华人民共和国河道管理条例》中关于水利监督规定的条款，确定对于监督体制机制的法制保障，增强法律法规操作性和强制力，用更加严厉的惩处措施震慑违法行为。

（3）加快出台《河道采砂管理条例》《节约用水条例》《地下水管理条例》，配合做好有关法律法规审查审议工作。作为水利部起草的重点立法项目，要根据强化水利监管的要求，进一步完善立法草案起草工作，并根据审查情况，做好加强水资源和河道采砂监管工作等相关重大问题研究论证工作。完善与有关部门的联合起草工作机制，加快推进立法进程，力争尽快颁布实施，为水利监督制度提供更有力的上位法保障。

（4）继续深入开展研究，不断完善新时代水利监督制度体系。当前治水矛盾产生了深刻变化，水利行业改革发展面临着新的机遇和挑战，水利监督工作也不断向纵深发展。作为水利监督工作的制度保障，水利监督制度体系也要不断深入开展研究，认真梳理监督制度建设中存在的突出问题，聚焦各个重点工作领域，填补水利监督制度空白，及时修改完善相关制度，加快构建系统完备的水利监督制度体系，使各项工作都有法可依、有规可守、有章可循，提升水利监督工作的公信力和威慑力。

（二）抓紧制定水利监督工作指导意见

在部委层面，水利部应当抓紧出台《新时期水利发展改革工作意见》，对如何做好新形势下我国水利发展改革工作进行全面、系统的部署，提出指导性的要求与意见。要出台强监管的具体指导意见，确立目标方向，明晰若干重大问题。通过出台强监管的具体指导意见，明确水利行业强监管的行为方式（如何监管）、评价标准（监管到什么程度）和保障措施（经费、人员、设备）关键事项，不断完善水利各领域的日常监督管理标准（包括规范、规程、指南、导则等），为开展水利强监管提供依据。

在地方层面，流域机构和省级水利部门应当研究制定省级水利部门强监管工作的指导意见，进一步明确监管权责清单、工作流程和评价依据，参照部本级和流域机构监管体系的框架原则，结合各省区市实际情况，建立地方水利监管体系。要明确"水利部统筹、省水利厅负总责、市县水利局抓落实"的监管体制，和"以问题为导向、以整改为目标、以问责为抓手，实行清单式监管"的监管原则。按照"2+N"模式建立地方监管制度和问题清单，主要包括监管业务管理制度、监管队伍管理制度和若干专业领域监管制度。

（三）推进既有规章及规范性文件的完善与升级

（1）推动既有涉水规章及规范性文件的整合与修订。水利部一方面要配合做好《河道采砂管理条例》审查工作，在2021年12月施行《地下水管理条例》，形成《珠江水量调度条例》《节约用水条例》等立法项目送审稿并报国务院，推进《中华人民共和国河道管理条例（修订）》《农村供水条例》重点问题研究和草案审查工作，加快水利工程建设和运行管护规章制定修订工作；另一方面要加快既有部门规章及各类规程规范的整合、修订工作，对历年来水利部出台的各类制度进行梳理、整合以及修订，从而加快解决"老而不适用、软而不管用"的问题。各流域机构则需要在水利部制度建设框架下，完成内部规章制度建设，做好内设机构职责分工。水利部监督司、政法司以及各省级水利部门组织指导各省根据实际情况出台地方水利监督规章制度。针对当前强监管评价标准、实施程序、适用制度等，地方仍有诸多疑惑，存在认识分歧。特别是对于应该监管到什么程度、采用什么样的评价体系，应明确说明。综合来看，水利强监管是对新时代水利发展提出的新要求，应该建设与之相配套的新规范、新标准，明确各领域的督查办法和监管标准，从而有利于工作的长远推进。因此，各涉水监管主体要不断完善内部规章制度，制定和实施江河湖泊、水资源、水利工程、水土保持、水利资金、行政事务等具体领域的监管办法，明确监管对象、监管范围、监管计划、目标要求等事项，加强监管的计划性与有效性。

（2）尽快补齐涉水行政管理空白领域立法。鄂竟平部长在2020年全国水利工作会议上提出，要抓紧补上重点领域制度空白，同时也提出要突出水资源监管、河湖监管、水土保持监管、水旱灾害防御监管、小型工程运行监管、三峡和南水北调工程监管等六大领域，推动行业强监管取得更大成效。因此，应当重点围绕这些领域，完善相关立法。在水资源监管方面，加快制定修订节水标准定额，开展省级用水定额评估，对重点高耗水行业开展用水定额执行情况检查；修订完善《建设项目水资源论证导则》《水利水电工程可行性研究报告编制规程》等制度规定，开展规划和建设项目节水评价和节水评价监督检查，完善节水评价工作机制；黄河流域各省区要尽快修订完善地方用水定额，建立覆盖主要农作物、工业产品和生活服务业的务实管用的用水定额体系。在河湖监管方面，要编制好河湖规划，抓紧编制完成大江大河大湖岸线保护利用规划和河道采砂管理规划，以及《大运河河道水系治理管护规划》，强化规划约束，落实河湖空间管控要求，严格规范涉河建设项目许可，按照谁审批、谁监管的原则，加强许可项目实施的全过程监管。在水旱灾害防御监管方面，抓紧修订完善《水工程防洪抗旱调度运用监督检查办法》《汛限水位监督管理规定》，加强线上线下全方位监管，确保水工程调度运用规范科学高效；继续推进水工程防灾联合调度系统建设，修订完善水工程防洪抗旱联合调度及应急水量调度方案，开展防洪调度演练。在小型工程运行监管方面，制定农村供水工程水费收缴工作问责实施细则，积极争取中央财政支持，发挥财政资金激励机制作用，督促地方各级财政加大维修养护经费投入力度。

（3）及时将行之有效的规章、规范性文件等上升为法律，增强水利监督的震慑力。目前，涉水法律中强制性规范条款较少，对于水行政执法授权不足，可操作性不强。这导致水行政执法队伍没有独立的行政强制权力，对各类水事违法案件难以强制执行，水行政执法失之于软、失之于宽，执法手段单一。虽然目前正在逐步制定并完善水利监督制度体系，但现行的水利监督制度仍然是水利部层面出台，并以规范性文件为主体，在法律效力上层级较低，无法为水行政执法的强制性提供法制保障，影响了水利监督工作的严肃性以及震慑警示效果。同时，涉水法律法规与其他法律的对接程度不够，相关条款与其他部门之间缺少行之有效的沟通机制，容易引起行政执法的矛盾或推诿。因此，水利行业下一步应着力推进水利行业立法工作，及时总结水利监管实践经验，把行之有效的监管做法固化为制度，条件成熟时启动立法程序，进而将规章、规范性文件等上升为法律，强化水利行政监督的法律保障。

（四）健全完善水利强监管"2+N"监督制度体系

按照水利改革发展工作总基调要求，水利强监管工作要建立一整套务实高效管用的监管体系，全面加强对江河湖泊、水资源、水利工程、水土保持、水利资金以及水利行政事务工作等重点领域的监管。其中，水利强监管"2+N"制度体系（水利监督、水利督查队伍管理为主干制度，其他制度为支撑）作为构建水利监督制度体系的重要组成部分，有力促进了水利治理体系和治理能力现代化。然而，当前的"2+N"制度体系也并非完美，依然存在一些问题。例如，部分制度尚未出台、已经出台的个别制度实际操作性不足等，应当进一步健全和完善水利强监管"2+N"监督制度体系。

（1）加快完成尚未出台的各项制度。"2+N"制度体系作为强监管制度建设的总体框架，其中"2"主要是指2项基础性监督制度，"N"主要包括6项水利工程建设和运行监督制度、4项行业综合考核监督制度、2项水利政务监督管理制度以及14项行业管理监督制度、2项行业管理监督检查制度，共5大部分30项水利监督相关制度。目前，包含《水利监督规定（试行）》《水利督查队伍管理办法（试行）》在内的2项基础性监督制度以及19项制度已经印发实施，但仍有三分之一的制度尚未实施。这导致相关的监督检查、考核评价、信息公开、责任追究等水利监督事项无制度依据。应当加快尚未出台制度的草案制定、征求意见以及审议工作，争取尽快完成尚未出台的各项制度。

（2）对已经出台的各项监管制度要进行完善。已经出台的个别制度存在着实际操作性不足问题，主要表现为有些已出台的办法无问题清单，无问题等级认定，在实际操作中刚性不足，问题难以解决。例如，《水利工程建设质量与安全生产监督检查办法（试行）》《水利工程合同监督检查办法（试行）》《水利资金监督检查办法（试行）》等问题清单中有不足之处，责任追究N值的计算和确定有不尽合理的地方等。因此，要及时更新各项制度的问题清单，使监督的尺子更准，更符合行业实际，实现发现问题、认证问题、整改督办、责任追究的有效衔接和闭环运行机制，做实做精"2+N"监督制度体系，为各重点领域的水利监督工作提供支撑保障。

二、加强组织体系建设，完善中观制度体系

面对"水利工程补短板，水利行业强监管"总基调的要求，水利部及各流域地方水行政主管部门以机构改革为契机，进一步优化了机构设置，强化水利监督职能，积极推动水利监督管理体制建设，开展各项水利监督检查工作并取得了一系列成果。水利部专门成立监督司，负责全国水利综合监督工作，并组建水利督查工作领导小组统一领导全国的水利强监管工作。各流域管理机构、各地水行政主管部门积极按照水利部统一部署，在机构改革中对照水利部的监督机构设置及职能划分情况，组建水利强监管工作的督查领导小组，设立专职监督机构，组建地方水利监督队伍，确立支撑单位，承担水利监督检查各项工作。然而，组织体系依然存在诸多问题，例如机构建设不健全、机构之间职责分配不清晰、监督队伍建设较为薄弱等。需要从监督机构的设置、监督机构之间的关系、监督队伍的组建等方面对水利监督的组织体系予以完善。

（一）完善水利监督机构职责，深化对监督工作的认识

新的"水利部三定规定"及《水利监督规定（试行）》，对各级水行政主管部门监督机构的职责进行了规定，确保了水利监督工作的有效开展。但相对新时代水利行业改革发展对水利监督工作所提出的全面要求，以及对水利行业持续高效实施全链条、全方位监督的目标，目前各级水利监督机构职责仍有待进一步细化完善。同时，面对新时期治水矛盾的变化以及水利改革发展工作总基调的要求，部分水行政主管部门虽然已认识到强化水利监督的重要性，但还没有完全扭转长期形成的工程思维和惯性，工作重心尚未完全调整到行业监管上来，所开展监督工作重点也仍倾向于工程领域，对于江河湖泊、水资源、水土保持、水利资金以及水行政事务工作的监管力度仍有所欠缺。为了确保水利监督工作的顺利高效开展，切实防范水利行业各类风险，水利部及各级水行政主管部门要对其内部监督机构职责进行完善，明确职责划分，深化对监督工作的认识，着力构建完善统分结合、权责明确的水利监督管理体制。

（1）继续细化完善各级水利监督机构的职责。为了确保水利监督工作的顺利高效开展，水利部及各级水行政主管部门要结合生态环境部、自然资

源部相关经验，对其内部监督机构职责进行完善，明确职责划分，加强各级水利部门之间及部门内部监督工作的协调性。为实现对全国水利监督工作的统一领导与有效监督，水利部应进一步强化水利部水利督查工作领导小组对全国水利监督工作的统一领导职能，强化其统一部署全国水利监督检查、统筹协调各项监督检查工作任务、部署全国水利监督检查"回头看"工作等职责；强化水利部监督司（督查办）组织监督队伍、开展水利部重大监督检查、独立或牵头组织开展综合监督工作的职责，其中包括加强监督司（督查办）与其他司局协调配合；强化除监督司外其他司局独立或牵头组织开展本领域常规监督检查工作职责，其中要加强对水利监督六大重点领域相关问题的监督。为了确保水利部交办的监督检查任务有效落实，流域内各省监督工作协调有序，以及整改工作的切实落实，结合生态环境部、自然资源部派出机构监督职能确定的相关经验，有必要进一步强化流域领导小组及其办公室统一领导部署流域内监督检查工作并向水利部及时反映问题情况的职责。为确保对流域江河湖泊、水资源、水利工程、水土保持、水利资金以及水利行政事务等重点领域的有效监督，应强化监督处（局）组织开展流域各个专业领域监督检查、促进流域管理机构与水利部及地方水利部门实现更好的上下级联动监督的职责；强化各业务处（局）通过专业监督发现问题并督促整改，并配合监督处（局）开展流域监督检查的职责。为保证地方水利监督工作顺利进行、与水利部及流域管理机构监督检查工作协调配合、问题整改落实及行业管理水平的切实提高，省级水利部门应增加领导小组职责；组织协调辖区内监督工作，配合水利部及流域管理机构开展的各项监督检查，积极落实各项整改任务，并向水利部反映有关水利政策需求；设立专职水利监督机构承担水利综合监督职责，与水利部监督司各项监督职能有效对接，并强化其牵头组织开展辖区内综合水利监督检查、配合水利部及流域机构开展各专项监督检查、组织监督检查人员培训等职责；细化相关业务处室与专职水利监督机构协调配合开展监督工作、落实整改提高管理水平的职责。

（2）深化各级水行政主管部门对强化水利监督工作的认识。为了确保水利监督机构能够有效发挥新时代水利监督的作用，各级水行政主管部门应进一步深化其对于水利监督工作的认识，保障水利监督工作在党统一领导下顺利协同高效开展。一方面，新时代水利改革发展总基调要求水利监督工作要全面适应治水矛盾的变化，开展全覆盖、高频次的监督检查，对各重点业务领域的监督工作提出了明确要求；同时，当前各种水问题日趋复杂，水利监督工作涉及多部门、多领域，需要开展大量的跨领域监督工作，对于水利专业素质要求较高。因此，各级水利部门应当通过学习解读、政策宣讲、座谈交流、业务培训等方式，增进对水利部监督工作的认识和理解，充分认识到本部门在业务领域开展专业监督的重要性，加强对自身监督职能定位的认识，充分发挥机构的专业技能，积极参与各项监督检查工作，与专职监督机构协调配合，确保对各水利业务领域实现有效监督，以监促管，推动行业管理水平不断提高。各专职监督部门也应准确理解自身职责的意义和内容，把握综合监督与专业监督的关系，充分发挥综合监督作用，通过发现问题倒逼行业管理水平的提升。另一方面，水利部应指导地方水行政主管部门进一步强化对强监管主旋律的认识，将工作重心调整至行业监管，正确理解水利部监督检查相关政策，加强对水利监督机构职能定位的理解，准确把握监督处室或其他专职监督机构在行业监管中的作用，理解新成立的监督处室与原安监处之间职能定位上的差异，对照构建水利大监督格局的要求，紧紧围绕江河湖泊、水资源、水利工程、水土保持、水利资金以及水利行政事务工作等六个强监管重点领域，强化监督处室或其他专职监督机构的各项职能，实现地方水利监督工作与水利部有效对接。积极响应水利部的统一部署，推动各项监督工作在地方有效落实，确保整改工作的切实到位，构建上下协同的水利监督管理体制，形成水利监督合力。

（二）明确分级管理监管体制，理顺监督机构协调关系

对于水利监督的组织保障，流域和地方进行了一些改革探索，但仍未形成长期良性机制，在层级管理、协调配合等方面仍然存在问题；行业监管与属地监管、流域监管与地方监管、地方各级之间的监管关系未完全理顺，在监管工作中权责不清。水利部及地方监管的上下联动作用发挥不充分，水利部和流域管理机构开展的专项督查难以做到全覆盖，省市县水利部门由于监督力量不足，对其管辖业务范围的监管距离全覆盖的要求有不小的差距。因此，亟待通过完善监管制度，为强监管工作提供组织体系保障。为了提高水利监督检查效率，提升水利监督效果，应结合生态环境保护领域相关经验，进一步完善水利监督管理体制，协调水利监督机构共同开展监督检查工作。

(1)理顺多部门间协调配合关系。一方面，积极探索多个部门配合开展水利监督检查的模式，按照综合监督与专业监督相结合的要求，加大除专职监督部门外的其他部门对于水利监督工作的参与程度，明确各部门在监督工作中的领导、组织、协调、落实、反馈等方面的职责，在工作中相互配合、互为支撑，有效落实监督检查、问题认定、责任追究及督促整改等各个方面的工作，共同开展水利监督工作。另一方面，理顺水利监督与水政监察、水行政执法之间的协调配合关系。水利督查队伍在监督检查中发现有关单位、个人等涉水活动主体违反水法律法规的，可根据具体情节联合开展调查取证工作，或移送有管辖权的水政监察队伍及其他执法机构，按照《中华人民共和国行政处罚法》《水行政处罚实施办法》等规定予以查处。

(2)明确中央与地方的水利监督职责划分。这对提高水利监督工作效率、避免重复监督和基层负担过重等具有重要意义。在明确中央与地方水利监督职责划分中，应由中央掌握涉及全国性事务、关系到人民切身利益的重大事务、跨区域事务的事权，同时下放地方政府能处理的事权以发挥其本土优势，并充分调动地方积极性和主动性。在中央与地方的水利监督职责划分上，水利部及流域管理机构应侧重重点、跨区域督查，而地方水利部门应侧重日常、辖区内监督。水利部及流域管理机构应当侧重于开展重大事项、专项任务以及跨行政区域事项的监督检查，查找分析问题，提出整改意见，促进地方加强整改，协调解决问题，推进水利行业可持续健康发展；可采取"自上而下、一插到底"的督查方式，目标是发现并解决需重点关注的行业问题，并通过监督检查起到引领示范作用，带动地方政府水利监督的主动性，倒逼地方加强水利监督并提高行业管理水平。地方水利部门职能定位应侧重开展辖区内的日常监督检查，按照各自职责范围，覆盖水管理各领域，并推动落实水利部领导小组的督促整改意见，以监促管，提高管理水平。水利部及流域管理机构的重点督查不能替代地方水利部门日常监管，是日常监管的补充和完善。两类监管应在划分明确职责界限的同时互相配合，避免行政资源浪费，并促进监督合力的形成。在中央与地方水利监督职责划分中，除了如上所述划清界限外，还应加强两者的有效衔接。为了确保水利监督相关政策在地方能得以贯彻落实，保证水利监督工作落实到位，水利部应参考生态环境部地方部门与部委机构设置有效衔接相关经验，指导地方水行政主管部门对水利部监督机构承担的具体职责进行深入理解并准确把握，继而指导其合理划分内部机构的监督职责，确保水利部提出的需要大力强化监督职责，在地方均有相应的监督机构能够承担履行，实现监督职责上的有效衔接，确保各项水利监督政策和制度在地方得以有效落实，从而进一步保证各项水利监督工作能够实现上传下达、令行禁止，共同构建水利大监督格局。

（三）发挥水利派出机构优势，明确派出机构职能定位

为了对地方落实党中央、国务院关于生态环境保护及自然资源利用及保护的重大方针政策、决策部署及法律法规执行情况进行有效监管，生态环境部与自然资源部均按片区设置了派出机构并明确其监管职责，确保部委监管实现区域全覆盖、业务全覆盖。这些派出机构，均是行业监管的重要力量，是贯彻落实国家各项监督检查任务的主要执行者。

明确派出机构的监管职能定位，是各部委行业监管工作安排得以有效落实的必要条件。由于部委人员编制有限，其中能够开展监管工作的人员队伍不能满足整个行业监管的需求，且我国疆域辽阔，自然环境条件、社会经济发展水平地区间差异较大，部委不能完全了解掌握地方情况。因此要切实发挥好派出机构的优势，由派出机构按照部委统一部署，积极执行所管辖片区的监管任务。同时，从生态环境部管理体制情况可以看到，生态环境部各片区督察局职责内容包括负责协调指导省级生态部门开展市、县生态环境保护综合督察。因此，在水利行业强监管体制中，应明确由水利部的派出机构，即流域管理机构按照水利部的统一部署，组建流域监管队伍，开展各项交办的监督检查工作；协调流域内各个省份重点监督检查工作，按照流域特点，指导推动整改工作，并将监督检查情况积极向水利部反应。此外，需要注意，流域管理机构不仅要履行好监督检查工作，还要做好流域范围内的业务管理工作。

（四）加强水利监督队伍建设，提高职业化技术化水平

水利监督队伍是水利监督工作得以有效开展的关键，各级水行政主管部门以机构改革为契机，积极通过整合水利行业力量，初步建立了水利监督队伍。各级监督队伍也克服了多方面困难，开展了卓有成效的监督检查工作。但随着水利监督工作的不断深入，监督队伍专业程度不高，人员构成不稳定，保障机制不健全等问题也逐渐凸显，水利监督队伍建设亟须全面加强。

（1）进一步强化水利监督队伍人员力量。水利监督是通过水利监督队伍人员的工作来实现的，要提高水利监督效能，强化水利监督队伍人员力量尤为重要。针对目前我国流域机构及省级水利部门监督队伍人员有待扩充问题，一是在人员编制上，水利部领导小组应根据监督具体职责、全国水利行业发展情况以及水利部监督检查工作内容等，科学合理确定各级监督队伍人员规模，积极与中央机构编制委员会办公室沟通，推动增加水利监督人员编制，使水利部水利督查队伍人员编制与所承担的监督检查任务相匹配。水利部领导小组也应加强与地方政府的沟通协调，加强地方对于水利监督的重视，推动形成强化水利监督的氛围，确保地方水行政主管部门编制满足强监管需求。二是在人员扩充上，应在统筹考虑各级人员、编制基础上，通过内部人员划转、内部人员培养、面向社会公开招聘、岗前培训和日常培训、优化部门编制结构等，多渠道扩充水利监督队伍。三是在人员配备上，水利部及地方各层级确定监督队伍组成单位及人员时，要保证队伍成员专业技能够涵盖各大监督重点领域，成员的专业水平能胜任业务领域监督工作，以保证监督工作效果；对于具有高风险的监督事项，还应配备相应数量的具有应付高风险技能和实践经验的监督人员。四是在人员考核上，《水利督查队伍管理办法（试行）》对水利部水利督查队伍人员考核进行了规定，能有效激发监督队伍人员的工作积极性。在地方水利监督队伍建设中，也应由督查办或兼任其职责的部门负责地方监督队伍的工作考核，且考核结果纳入年度综合考评，作为干部任用、考核、奖惩的参考。

（2）进一步提升监督队伍专业能力。高水平的水利监督队伍建设，离不开行政监督人员较高的政治素质、道德素质和业务能力。在水利监督工作对监督队伍专业能力的高要求、目前监督队伍专业能力不足的情况下，有必要结合生态环境部、自然资源部、药品监督管理局监督队伍组建相关经验，开展大讨论、学习解读、政策宣讲、专家讲座、会议等，并由水利部督查办、地方水利督查办或兼任其职责的相关处室，定期组织监督人员培训、交流活动，包括水利部统一培训及地方内部培训、全国层面交流以及地方内部交流等，以强化监督队伍成员对水利强监管及相关法律、法规、制度和方针政策的理解，以及对专业技能的掌握。在对水利监督人员的业务培训中，应创新培训方式，建立监督人员岗前培训和日常培训制度，并加强培训全过程管理和考核评估，强化学习培训成果在年终考核、推优评选、职级调整、职务晋升等环节的运用。水利监督人员交流活动中，交流的内容主要为在监督检查工作开展中发现的共性问题及其解决办法，以提高水利督查人员的专业素养和工作能力，继而提升监督工作效率。

（3）进一步加强监督队伍建设保障。水利监督队伍建设中，要加强各项基础设施建设及高新技术装备的配置，构建立体监控平台、强大的技术支持系统，实现监督工作信息化，推动政务信息网络建设、监督设备信息网络建设、监督工作信息化建设。而水利监督队伍的装备、信息化建设及人员稳定，均离不开对监督队伍的经费支撑。在满足经费保障方面，水利部及流域管理机构应依据监督检查实际情况，与财政部门积极协调，建立稳定的财政经费保障机制，适当增加监督检查补助，确保监督检查队伍的辛勤付出能够得到相应回报，避免滋生懈怠抵触情绪，确保监督队伍稳定发展并持续有力支撑水利监督工作。

（五）充分发挥河长制湖长制对于强化水利监督的支撑作用

对比生态环境行业的中央环保督察制度和自然资源行业的国家自然资源督察制度，两者均属于国家层面的督察制度，且形成了一套较为完善的监管体系，具有强有力的监管手段，属于地方政府年度考核的主要事项，地方政府均较为重视。目前水利强监管工作刚刚起步，缺少有效的强监管制度支撑，尚未形成完整的体系，体制机制制度保障不足，同时也缺少有效的监管手段，水利部门在地方政府组成部门内部也不够强势，水利工作在地方政府工作中未得到充分重视，对于地方政府的考核也较少。实践表明，河长制湖长制不仅压实了地方政府的治水责任，调动了社会各界的治水力量，还引导了公众积极参与水治理，补短板和强监管都取得了较好成效。下一步应更加注重发挥河湖长制在总基调贯彻落实中的作用，不断完善河湖长制工作制度，压实地方政府补短板、强监管责任，推动走实走深贯彻水利改革发展总基调。

一方面应当形成相对完善的督查问题报送制度，将在督查中发现的问题准确认定并进行分类，对于水利部门自身的问题应当及时与负责单位进行沟通，督促整改；对于水利部门整改不到位的问题和其他行业监管不到位的涉水问题，应当及时报送相关负责河湖长和省级河湖长，通过河长制湖长制推动相关问题得到整改，逐步加强水利监督。另一方面将河长制湖长制以及最严格水资源管理制度考核切实纳入对于省、市、县各级政府的政绩考核中，对于水利各个监管重点领域存在的主要问题作为考核的相关指标，提升水利部门对于地方考核的重要性，强化水利相关考核的可操作性，加强地方政府对于水利考核的重视程度。

三、加强管理机制建设，完善微观制度体系

（一）明晰综合监管与专业监管的关系，推动专项监督向常态监督转变

（1）进一步明晰"综合监管、专职监管、专业监管、日常监管"四个监管层次，厘清综合监管与专业监管之间的角色定位与权责划分。其中，综合监管的责任在监督司，要牵头监管制度建设，做好全年监督计划的统筹制订和组织开展，做好监管任务的协调分配，以及责任追究的实施。专职监管的责任在督查办，要做好部领导特定飞检的组织、重点专项的督查、重点举报线索的调查、监督信息平台的管理等，对各专业领域的监管成果要做好汇总上报，并加强监管队伍建设。专业监管的责任在各业务主管司局及支撑事业单位，要制定本领域管理制度和监督制度，并推动制度落实，要对本领域发现的各类问题认真分析研究、督促整改，并通过完善制度从源头上控制问题的产生。日常监管的责任在各流域机构监督队伍，主要是通过全天候、全覆盖的督查暗访发现问题，并复核整改情况等。要切实明晰综合监管与专业监管之间的角色定位与权责划分，水利综合监管是综合性、全局性、全面性的高层次监管，既承担水利重大政策、决策部署和重点工作贯彻落实情况的监管，还负责对下一级党委政府或涉水监管部门的协调、指导、监督与检查；专业监管是各有关涉水部门的监管责任，必须进一步压实，强化其对各类涉水活动的日常监督管理，综合监管可协调、指导专业监管，但不能替代专业监管。

（2）推动专项监督向常态监督转变。水利行业监管缺失问题积弊很深、强监管任务极其繁重，在践行总基调的前几年，水利行业只能先抓住最薄弱、风险最大、必须保底线的领域进行重点专项监督。比如，对小型水库、农饮工程、河湖"四乱"等开展大规模暗访。但这只是应急之举，长久之计是必须推动强监管常态化、规范化、法治化，向更高层次、更高水平迈进。因此，要在继续突出重点专项监督的同时，总结水利行业强监管的实践，把行之有

效的监管做法固化为制度，进一步建立健全"2+N"的监督制度体系，防止监管的随意性，减少自由裁量权，实现水利强监管从整体弱到全面强的根本性转变。

（二）推动成立国家水利督察领导小组，发挥国家级水利督察制度作用

督察是强化行业监管的重要方式，有利于规范行政管理和执法，强化行业监管力度。生态环境保护与自然资源保护领域所建立的国家级督察制度均发挥了良好的监管效果。因此，在时机成熟时，有必要推动构建国家级水利督察制度。

（1）推动成立国家水利督察领导小组，作为实施国家水利督察的领导机构，推动水利部将现有督查办设置为水利部内设机构，更名为国家水利督察办公室，作为全国水利督察日常工作，并由其负责组织开展全国水利督察。目前，水利部设立了督查办作为水利部督查领导小组的日常办事机构，同时设立监督司作为专职综合监督机构，两个单位均承担了开展监督检查的职责。在完善水利监督管理体制过程中，应进一步突出水利部督查办开展重大综合监督检查的职能，明确区分其与监督司职责的差异。督查办作为水利督查工作领导小组的日常办事单位，其工作重心应当侧重承担领导小组交办的任务，并开展全国范围内、跨业务领域的重大水利监督检查，如统筹协调、归口管理水利部各监督机构的监督检查任务，协调开展多个业务部门共同参加的跨领域的重大综合监督检查，并对监督检查中发现的问题提出整改及责任追究建议，而监督司则主要负责日常水利综合监督事项，与相关业务司局相配合，开展常规性的监督检查工作。参考中央生态环境保护督察办公室、国家自然资源总督察办公室设置情况，将来可考虑将水利部督查办增设为水利部内设机构，深入贯彻落实水利督查工作领导小组的各项要求。

（2）推动构建水利督察制度并使其正式制度化。健全的水利督察制度是依法行政的前提，也是提高监管行政效率、树立行业权威的客观要求。应由水利部督察办根据水利监管实际情况，构建符合新时代水利改革发展总基调需求的水利督察制度，明确督察组织机构设置、督察工作程序及要点，督察措施及手段等制度关键内容。由水利部统一领导全国水利督察工作，各流域管理机构组织开展各流域水利督察工作，使水利督察工作更加规范化、科

学化和现代化。此外，按照依法治国、依法行政的基本要求，水利督察应在法律赋予的职权范围内，按照法定的程序开展督察工作。因此，还应在《中华人民共和国水法》等相关法律中对水利督察制度予以明确规定，以法律制度的形势确定下来，确保水利督察工作有法可依。

（三）行业监督与社会监督相结合，发挥好社会监督机制作用

目前我国水利监督工作已经取得了一定成效，但调动社会力量参与监管还有不足。例如，在河湖监管方面，近岸及跨河建筑物侵占滩地、沟道、低洼地带，影响行洪现象仍广泛存在；少数市县在河湖"四乱"问题线索摸排时不全面不细致，延伸末端不够，没有广泛发动群众举报问题线索，排查发现问题不彻底、不全面。各级河长办在宣传方面都做了大量富有成效的工作，但适宜公众参与河湖治理的环境还不够优化，不少普通群众认为保护河湖是各级政府的事情，主动参与保护河湖的积极性还不高。鄂竟平部长在2020年全国水利工作会议上提出，要强化年度监督工作统筹，优化资源配置，加强沟通协调，引入社会监督，做好12314监督举报问题办理，提升监管效能。

因此，在今后的强监管工作过程中，应当充分调动社会力量参与水利监管。一是开展广泛的社会宣传。通过开展全方位政策宣讲，将宣传范围扩大到全社会，通过对各级政府、其他部门及社会公众的宣传，不断强化社会各界对水利强监管的认识、理解和支持，发动社会监管力量，提高社会监管水平。二是完善公众参与水利监督相关政策措施，建立监督渠道及举报激励机制，对于积极向各级水行政主管部门报告涉水违法违规行为的，一经查实应予以适当奖励，激励广大人民群众积极参与水利监管的主动性。三是充分动员广大群众、公益组织成为"水利监管员"，充分发挥其最关心身边的水利设施和河湖生态环境的特点，鼓励其举报、曝光水问题。通过上述措施充分发动社会监管力量，强化社会监管对行业监管的补充作用，加快形成政府统领、行业主抓、社会各界参与的强监管态势。

（四）加强水利监督信息平台建设，推广应用水利监督信息平台

据调研，目前地方水行政主管部门迫切希望国家层面统一谋划水利信息化平台和手段，解决目前各地信息化普遍存在的覆盖面窄、标准低、互通性差、运维不持续、信息化业务管理"两层皮"等问题。因此，水利部应当重视水

利信息化的顶层谋划，加强补齐信息化最大短板，切实提升水利信息化水平，增强水利行业强监管效率和效力。

一是采用互联网信息手段，打造"一号对外"信息平台，面向社会接受监督。规范信息采集、分类、转办、处置、反馈、考核等全流程，整合国务院"互联网＋督查"等数据资源，实现共享共用，使各水利行业各部门能按照各自职能分工，认真履职，把措施定精准，把标准提上去，在齐抓共管中提高管理效率。探索采取有效信息有奖举报等方式，鼓励全社会关心关注，监督保护水利行业。二是发挥12314水利监督平台作用。自觉接受社会监督，实现监督举报信息合理、迅速处理使用，及时向社会反馈，提高水利行业公信力。三是完善监督信息公示机制。利用水利监督平台，及时公开监督问题信息，将监督检查结果与相关单位信用体系建设挂钩；落实激励约束机制，将监督检查结果用于单位评优、干部提拔、资格审查、项目评奖中。通过信息平台机制的建设，切实提升水利监督水平，增强水利监督的效率和效力。

参考文献

参考文献

[1] HUANG J Y, LI X Q. Study on the Countermeasures to Improve the Enforcement Effects of the Reservoir Resettlement Post-relocation Supporting Polices：Advances in Water Resources and Hydraulic Engineering—Proceedings of 16th IAHR-APD Congress and 3rd Symposium of IAHR-ISHS（Ⅳ）[C]. Springer, Berlin, Heidelberg：1481–1488, 2008.

[2] 裴丽萍, 王军权. 水资源配置管理的行政许可与行政合同模式比较[J]. 郑州大学学报（哲学社会科学版）, 2016, 49（3）：25–29.

[3] 李海辰, 王志强, 吴辉明, 等. 中国水资源督察制度研究[J]. 中国人口资源与环境, 2016, 26（S1）：336–339.

[4] 孙海涛. 水资源管理中的公众参与制度研究[J]. 理论月刊, 2016（9）：104–110.

[5] 乔西现. 黄河水资源统一管理调度制度建设与实践[J]. 人民黄河, 2016, 38（10）：83–87.

[6] 杜勇. 水利水电工程征地及移民安置制度问题探究[J]. 人民长江, 2016, 47（22）：110–113.

[7] 赵爱莉. 我国农村水利工程建设与运行管理体制机制改革研究[J]. 中国农村水利水电, 2017（3）：195–197+203.

[8] 李祎恒. 小型农田水利工程产权制度改革的困局及其法律应对——以江苏省南京市为例[J]. 中国农村水利水电, 2017（12）：33–36.

[9] 吕忠梅. 寻找长江流域立法的新法理——以方法论为视角[J]. 政法论丛, 2018（6）：67–80.

[10] 胡佳妮, 张兴旭, 范玉兵. 我国农业水资源管理政策和制度的演进[J]. 人民黄河, 2020, 42（S2）：87–89.

[11] 李雯, 左其亭, 李东林, 等. "一带一路"主体水资源区国家水资源管理体制对比[J]. 水电能源科学, 2020, 38（3）：49–53.

[12] ZHANG H Y, LIU Y H. A Study on Risk Rystem of Water Conservancy and Hydropower Engineering[J].Advanced Materials Research, 2012（459）：450–453.

[13] JIN G L, MA W. The Problems and Countermeasures of Construction Management of Water Conservancy Project：Proceedings of the 2016 5th International Conference on Sustainable Energy and Environment Atlantis Press,

Paris, France（ICSEEE 2016）[C].Atlantis Press, Paris, France, 2016: 881–884.

[14] 黄黎明, 朱军, 张可. 水利工程建设质量多阶段风险评价研究 [J]. 水利水电技术, 2017, 48（9）: 117–125.

[15] 金远征, 陈智和. 加强水利工程质量与安全监督交底工作的探索实践 [J]. 中国水利, 2016, （4）: 31–32.

[16] 陈相龙. 水利工程质量监督工作探讨 [J]. 河南水利与南水北调, 2016（4）: 104–105.

[17] 文丹. 小型水利工程质量监督工作探讨 [J]. 水利规划与设计, 2016（6）: 83–85.

[18] 王岩. 新形势下做好水利工程质量监督管理工作刍议 [J]. 水利技术监督, 2016（4）: 1–2.

[19] 钟巧文. 小型水利工程质量监督现状分析及监督模式创新 [J]. 水利技术监督, 2016, 24（4）: 3–4+15.

[20] 陈垚森. 基于技术规程的水利水电工程移民监督评估实践 [J]. 水利经济, 2017, 35（4）: 69–74.

[21] 韩绪博, 夏宏伟, 潘义为. 浅析水利工程建设质量监督体制现状及发展需要 [J]. 水利建设与管理, 2018, 38（3）: 78–80.

[22] 邱信蛟. 新形势下加强水利工程质量监督计划编制工作的思考 [J]. 中国水利, 2018（18）: 36–37.

[23] WANG B, FAN T Y, LIU M Q, et al. Evaluation of Management Level of Water Conservancy Construction Supervision Unit Based on Variable Weight Fuzzy Theory[J]. Desalination and Water Treatment, 2019, （152）: 66–74.

[24] SHE C Y, ZHANG K, FENG J C, et al. A Framework on Quality Risk Early Warning for Hydraulic Engineering Construction Based on LSTM[J]. IOP Conference Series-Earth and Environmental Science, 2020, 568（1）: 012025.

[25] 姜小青, 蒋志强, 胡玉龙, 等. 水利水电工程移民监督评估实践存在的问题及完善措施 [J]. 水利经济, 2019, 37（1）: 70–72+78+82.

[26] 赵东阳. 小型水利水保工程的质量监督与管理研究 [J]. 居舍, 2019

（9）：159.

[27] 王鹏. 水利工程建设质量监督管理分析[J]. 内蒙古水利，2019（8）：58–59.

[28] 赵靖. 完善水利财务管理体制和监督机制的路径研究[J]. 现代经济信息，2019（22）：189.

[29] 王建英. 水利工程安全运行及其监督管理探讨[J]. 科技经济导刊，2019（35）：88–89.

[30] 雷俊荣，刘燕. "强监管"下的稽察监督体制机制探讨[J]. 中国水利，2020（2）：45–47.

[31] 廖良强，廖良春. 新形势下基层水利工程质量监督工作中存在的问题与对策[J]. 珠江水运，2020（5）：36–37.

[32] 钟少珍. 新时期水利工程建设质量与安全监督工作探讨[J]. 广东水利水电，2020（7）：103–106.

[33] 姚亮，高磊. 新时代下水利行业强监管的现代化建设[J]. 水利发展研究，2020，20（9）：5–8+32.

[34] 李智广. 我国水土保持治理体系和治理能力现代化探讨[J]. 中国水土保持，2020（4）：18–20+43.

[35] 韩红军. 水利工程施工管理的质量控制[J]. 中华建设，2021（8）：60-61.

[36] 王洪秋. 探究如何做好新时代水利工程质量监督工作[J]. 绿色环保建材，2021（7）：193–194.

[37] 张有平. 对农田水利工程建设质量监督管理的思考[J]. 农业科技与信息，2021（14）：93–95.

[38] 荣瑞兴. 新形势下水利建设工程质量监督管理与创新模式[J]. 世界热带农业信息，2021（8）：66–67.

[39] WU Y，GUO L D，XIA Z Q，et al. Reviewing the Poyang Lake Hydraulic Project Based on Humans' Changing Cognition of Water Conservancy Projects[J]. Sustainability，2019，11（9）：2605.

[40] 罗少军. 扎实做好新时代水利发展安全保障工作[J]. 河北水利，2018（2）：14–16.

[41] 杨晓茹，姜大川，康立芸，等. 构建新时代多规融合的水利规划体系[J].

中国经贸导刊，2019，（11）：59–62.

[42] 左其亭. 新时代中国特色水利发展方略初论[J]. 中国水利，2019，（12）：3–6+15.

[43] 陈献，张瑞美，王亚杰，等. 新时代主要矛盾转化对水事矛盾纠纷的影响及对策[J]. 人民长江，2019，50（12）：26–30.

[44] 凌峰. 新时代海河流域水土保持监督性监测工作探讨[J]. 中国水土保持，2020（4）：11–13+30.

[45] 张雯. 新时代下中国水利经济发展现状及其建议[J]. 财经界，2020（19）：34–35.

[46] 徐建新. 探讨如何在新时代水利发展中发挥智慧水利的作用[J]. 农业科技与信息，2020（16）：100–101+103.

[47] 左其亭，张志卓，马军霞，等. 人与自然和谐共生的水利现代化建设探析[J]. 中国水利，2021（10）：4–6+3.

[48] 周雅程，刘建华. 新发展理念引领下实现水利建设高质量发展问题研究[J]. 价格理论与实践，2020（12）：27–30.

附件 水利部监督司已发布水利监督制度部分文件

水利部关于印发水利监督规定（试行）和水利督查队伍管理办法（试行）的通知

水监督〔2019〕217号

部机关各司局，部直属各单位，各省、自治区、直辖市水利（水务）厅（局），各计划单列市水利（水务）局，新疆生产建设兵团水利局：

为加强水利监督管理和水利督查队伍管理，我部组织编制了《水利监督规定（试行）》和《水利督查队伍管理办法（试行）》，已经部长办公会议审议通过，现印发你单位，请遵照执行。

水利部
2019年7月19日

水利监督规定（试行）

第一章 总 则

第一条 为强化水利行业监管，履行水利监督职责，规范水利监督行为，依据《中华人民共和国水法》等有关法律法规和《水利部职能配置、内设机构和人员编制规定》等有关文件规定，制定本规定。

第二条 本规定所称水利监督，是指水利部、各级水行政主管部门依照法定职责和程序，对本级及下级水行政主管部门、其他行使水行政管理职责的机构及其所属企事业单位履行职责、贯彻落实水利相关法律法规、规章、规范性文件和强制性标准等的监督。

前款所称"本级"包括内设机构和所属单位。

第三条 水利监督坚持依法依规、客观公正、问题导向、分级负责、统筹协调的原则。

第四条 水利部统筹协调、组织指导全国水利监督工作。

流域管理机构依据职责和授权，负责指定管辖范围内的水利监督工作。

地方各级水行政主管部门按照管理权限，负责本行政区域内的水利监督工作。

第二章　范围和事项

第五条　水利监督包括：水旱灾害防御，水资源管理，河湖管理，水土保持，水利工程建设与安全运行，水利资金使用，水利政务以及水利重大政策、决策部署的贯彻落实等。

第六条　水利监督事项主要包括：

（一）江河湖泊综合规划、防洪规划；

（二）水资源开发、利用和保护；

（三）取水许可、用水效率管理；

（四）河流、湖泊水域岸线保护和管理，河道采砂管理；

（五）水土保持和水生态修复；

（六）跨流域调水、用水规划、水量分配；

（七）灌区、农村供水和农村水能资源开发；

（八）水旱灾害防御；

（九）水利建设市场、水利工程建设与安全运行、安全生产；

（十）水利资金使用和投资计划执行；

（十一）水利网络安全及信息化建设和应用；

（十二）地表水、地下水等水利基础设施监测、运行和管理；

（十三）水利工程移民及水库移民后扶持政策落实；

（十四）水政监察和水行政执法；

（十五）水利扶贫；

（十六）其他水利监督事项。

第三章　机构及职责

第七条　水利部成立水利督查工作领导小组，统筹协调全国水利监督检查，组织领导水利部监督机构。水利督查工作领导小组下设办公室（简称"水利部督查办"），指导水利部督查队伍建设和管理，承担水利督查工作领导小组交办的日常工作。

各流域管理机构成立相应的水利督查工作领导小组，下设办公室（简称"流域管理机构督查办"），组建流域管理机构督查队伍并承担相应职责。

本规定所称"水利部监督机构"是指水利部督查办，水利部具有相关职责的机关司局、事业单位、流域管理机构督查办、水行政执法等相关单位。

第八条　水利部水利督查工作领导小组职责：

（一）决策水利监督工作，规划水利监督重点任务；

（二）审定水利监督规章制度；

（三）领导水利督查队伍建设；

（四）审定水利监督计划；

（五）审议监督检查发现的重大问题；

（六）研究重大问题的责任追究；

（七）其他监督职责。

第九条　水利部督查办承担水利督查工作领导小组日常工作，具体职责：

（一）统筹协调、归口管理水利部各监督机构的监督检查任务；

（二）组织制定水利监督检查制度；

（三）指导水利督查队伍建设和管理；

（四）组织制定水利监督检查计划；

（五）履行第六条相关事项的监督检查；

（六）组织安排特定飞检；

（七）对监督检查发现问题提出整改及责任追究建议；

（八）受理监督检查异议问题申诉；

（九）完成领导小组交办的其他工作。

第十条　水利部机关各司局按照各自职责提出本业务范围内的监督检查工作要求，组织指导相关事业单位开展重点工作、系统性问题的监督检查，组织指导问题整改，对加强行业管理提出政策性建议。

第十一条　水利部所属相关事业单位，受机关司局委托承担监督检查工作，具体职责为：

（一）开展专项监督检查工作；

（二）核查专项问题、系统性问题的整改情况；

（三）汇总分析专项检查成果，对重点工作、系统性问题提出整改意见建议；

（四）配合水利部督查办开展监督检查工作。

第十二条　流域管理机构督查办履行以下职责：

（一）负责指定流域片区内综合性监督检查工作；

（二）配合水利部督查办开展片区内的监督检查工作；

（三）受委托核查发现问题的地方水行政主管部门、其他行使水行政管理职责的机构及其所属企事业单位对问题的整改，以及其上级主管部门对问题整改的督促情况。

第十三条　水利监督与水政监察、水行政执法相互协调、分工合作。水利督查队伍检查发现有关单位、个人等涉水活动主体违反水法律法规的，可根据具体情节联合开展调查取证工作，或移送水政监察队伍及其他执法机构查处。

第四章　程序及方式

第十四条　水利监督通过"查、认、改、罚"等环节开展工作，主要工作流程如下：

（一）按照年度计划制定监督检查工作方案；

（二）组织开展监督检查；

（三）对检查发现的问题提出整改及责任追究意见建议；

（四）下发整改通知，督促问题整改及整改核查；

（五）实施责任追究。

上述检查发现违法违纪问题线索移交有关执纪执法机关。

第十五条　水利监督检查通过飞检、检查、稽察、调查、考核评价等方式开展工作。

飞检，是水利监督检查主要方式。主要以"四不两直"方式开展工作。"四不两直"是指：检查前不发通知、不向被检查单位告知行动路线、不要求被检查单位陪同、不要求被检查单位汇报；直赴项目现场、直接接触一线工作人员。

检查、稽察，是针对某个单项或专题开展的监督检查，一般在检查前发通知，通知中明确检查时间、内容、参加人员，以及需要配合的工作要求等。

调查，是针对举报、某项专题或带有普遍性问题开展的专项活动，一般可结合飞检、检查、稽察、卫星遥感等方式方法或技术手段开展工作。调查要尽量减少对被调查单位正常工作的影响，但可要求被调查单位提供相关资料。

考核评价，是针对某个专项或综合性工作开展的年度或阶段性的考核工作，一般通过日常考核和终期考核相结合实施。日常考核可通过飞检、检查、稽察等方式进行，将检查结果作为终期考核依据；终期考核要汇总全过程、各方面成果进行考核。

第十六条　水利监督可采用调研方式辅助开展监督检查工作。

调研，是针对某项专题或系统性问题组织开展的专门活动，一般通过飞检、检查、稽察、调查发现问题，归纳提炼，确定题目，制定调研提纲及工作方案，组织开展调研。调研要对问题提出有针对的解决方案。调研不对被调研单位提出批评或责任追究意见。

第十七条　水利监督检查依据相关工作程序、规定、办法等认定问题，并向被检查单位反馈意见。被检查单位对认定结果有异议的，可提交说明材料，向督查人员所属监督机构申诉，也可向上一级监督机构申诉。水利部监督机构应对被检查单位申诉意见进行复核并提出复核意见。必要时，可聘请第三方技术服务机构协助复核。

水利部督查办是申诉意见的最终裁定单位。

第十八条　被检查单位是监督检查发现问题的责任主体，该单位的上级水行政主管单位或行业主管部门是督促问题整改的责任单位。

第十九条　各级监督检查单位按照各自职责，依据相关规定，向被检查单位或其上级主管部门反馈意见、发整改意见通知、实施责任追究。

各被检查单位接到意见反馈、整改通知后，要制定整改措施，明确整改责任单位和责任人，组织问题整改，并将整改情况在规定期限反馈检查单位。被检查单位应同时将上述情况向上级主管部门报告。

第五章　权限和责任

第二十条　水利监督检查人员，在工作现场应佩戴水利督查工作卡，可采取以下措施：

（一）进入与检查项目有关的场地、实验室、办公室等场所；

（二）调取、查看、记录或拷贝与检查项目有关的档案、工作记录、会议记录或纪要、会计账簿、数码影像记录等；

（三）查验与检查项目有关的单位资质、个人资格等证件或证明；

（四）留存涉嫌造假的记录、企业资质、个人资格、验收报告等资料；

（五）留存涉嫌重大问题线索的相关记录、账簿、凭证、档案等资料；

（六）责令停止使用已经查明的劣质产品；

（七）协调有关机构或部门参与调查、控制可能发生严重问题的现场；

（八）按照行政职责可采取的其他措施。

第二十一条　监督检查应实行回避制度，工作人员遇有下列情况应主动向组织报告，申请回避：

（一）曾在被检查单位工作；

（二）曾与被检查项目相关负责人是同学、战友关系；

（三）与被检查项目相关负责人有亲属关系；

（四）其他应该回避的事项。

上述申请经组织程序批准后生效。

第二十二条　被监督检查单位要遵守国家法律法规，有义务接受水利部监督机构的监督检查，有责任提供与检查内容有关的文件、记录、账簿等相关资料，有维护本地区、本部门、本研究正当合法权益的权利，有对检查发现问题进行合理申辩的权利，有将与事实不符的问题向其他监督机构或纪检监察部门反映的权利，有因不服行政处罚决定申请行政复议或者提起行政诉讼的权利。

第二十三条　水利部监督检查工作接受社会监督，凡有检查问题定性不符合规定、督查人员违反工作纪律、检查工作有悖公允原则等情况，可向上级水利监督机构或有关纪检监察部门举报。

第六章　责任追究

第二十四条　责任追究包括单位责任追究、个人责任追究和行政管理责任追究。按照第六条监督事项，水利部相关监督机构分别制定监督检查办法，明确不同类型项目监督检查方式及问题认定和责任追究。

第二十五条　责任追究包括对单位责任追究和对个人责任追究。

对单位责任追究，是根据检查发现问题的数量、性质、严重程度对被检查单位进行的责任追究，以及对该单位的上级主管单位进行的行政管理责任追究。

对个人责任追究，是对检查发现问题的直接责任人的责任追究，以及对直接责任人行政管理工作失职的单位直接领导、分管领导和主要领导进行的责任追究。

第二十六条　对单位的责任追究，一般包括：责令整改、约谈、责令停工、通报批评（含向省级人民政府水行政主管部门通报、水利行业内通报、向省级人民政府通报等，下同）、建议解除合同、降低或吊销资质等，并且按照国家有关规定和合同约定承担违约经济责任。

对个人的责任追究，一般包括：书面检讨、约谈、罚款、通报批评、留用察看、调离岗位、降级撤职、从业禁止等。

上述责任追究，按照管理权限由水利部监督机构直接实施或责成、建议有管理权限的单位实施。

第二十七条　水利部各级监督检查单位要根据不同类型项目，依据不同的监督检查办法，按照发现问题的数量、性质、严重程度，直接或责成、建议对责任主体单位实施责任追究；再根据责任追究的程度，建议对责任主体单位的直接责任人、直接领导、分管领导、主要领导实施责任追究。

一个地区或一个部门管理的多个项目，在一年内多次被责任追究，对该地区或该部门的上级主管部门进行行政领导责任追究，同时对该上级主管部门的直接领导、分管领导、主要领导实施相应的责任追究。

第二十八条　凡受到通报批评及以上责任追究的单位及个人，在水利部网站公示 6 个月，其责任追究记入信用档案，纳入信用管理动态评价。

第二十九条　对单位或个人通报批评以上责任追究，由水利部水利督查工作领导小组审定，由水利部按照管理权限直接实施或责成、建议相关单位实施。

第三十条　经水利部水利督查工作领导小组审定，对发现问题较多的地区或单位以及没有按照要求进行整改或整改不到位的地区或单位，暂停投资该地区或该单位已经批准建设的水利项目或停止、延缓审批新增项目。

第三十一条　经水利部水利督查工作领导小组审定，对问题较多且整改不到位的省（自治区、直辖市），根据问题严重程度，可向省（自治区、直辖市）人民政府通报；必要时，在部、省级联系工作时，直接通报有关情况。

第三十二条　对实施违法行为的单位、个人进行行政处罚，交有管辖权的水政监察队伍按照《中华人民共和国行政处罚法》《水行政处罚实施办法》等规定执行，同级或上级督查机构可按本规定进行监督和督办。

第七章　附　　则

第三十三条　地方各级水行政主管部门可参照本规定成立相应机构、制定相关制度。

第三十四条　本规定自颁布之日起施行。

水利督查队伍管理办法（试行）

第一章　总　　则

第一条　为加强水利监督工作，规范水利督查队伍管理，提高监督能力和水平，依据有关法律法规和《水利监督规定》，制定本办法。

第二条　本办法适用于水利部水利督查队伍的建设和管理。

本办法所称水利督查队伍包括承担水利部督查任务的组织和人员。本办法所称督查，是指水利部按照法律法规和"三定"规定，对各级水行政主管部门、流域管理机构及其所属企事业单位等履责情况的监督检查。

第三条　水利督查队伍建设和管理坚持统一领导、严格规范、专业高效、权责一致的原则。

第二章　组织管理

第四条　水利部水利督查工作领导小组负责领导水利督查队伍的规划、建设和管理工作。

第五条　水利部水利督查工作领导小组办公室（简称水利部督查办）负责统筹安排水利督查计划，组织协调水利督查队伍督查业务开展，承担交办的督查任务。

第六条　水利部各职能部门负责指导水利督查队伍相关专业领域业务工作，配合水利部督查办开展专项督查。

涉及查处公民、法人、其他组织水事违法行为，可能实施行政处罚、行政强制的，由水政执法机构依法实施。

第七条　部相关直属单位依据职责分工承担有关督查任务执行、督查工作实施保障等工作。

第八条　流域管理机构设立水利督查工作领导小组及其办公室，组建督查队伍，负责指定区域的督查工作。

第九条　水利督查队伍应建立健全责任分工、考核奖惩、安全管理、教育培训等规章制度。

第三章 人员管理

第十条 从事水利督查工作的人员一般应为在职人员，须具备下列条件：

（一）坚持原则、作风正派、清正廉洁；

（二）有一定的工作经验，熟悉相关水利法律、法规、规章、规范性文件和技术标准等，并通过督查上岗培训考核；

（三）身体健康，能承担现场督查工作。

第十一条 水利督查人员上岗前的培训考核由水利部督查办具体负责。对培训考核合格的，统一发放水利督查工作证。

第十二条 水利督查人员每年应当接受培训。水利督查队伍应当制定年度培训计划，增强培训针对性，不断提高水利督查人员的政治素质和业务工作能力。

第十三条 水利督查人员执行督查任务实行回避原则，未经批准，不得督查与其有利害关系的单位（项目）。

第十四条 水利督查人员依法依规开展督查工作，各有关单位应积极配合。

第十五条 水利督查人员开展督查工作，应当遵守以下要求：

（一）禁止干预被检查单位的正常工作秩序；

（二）禁止违反规定下达停工、停产、停机等工作指令；

（三）禁止违反操作规程、安全条例擅自操作机械设备；

（四）禁止违反规定要求被检查单位超标准、超负荷运行设备；

（五）禁止违反规定擅自进入危险工作区；

（六）禁止篡改、隐匿检查发现的问题；

（七）禁止未经批准擅自向被检查单位或第三方泄露检查发现的问题或商业秘密；

（八）禁止受关系人请托，向被检查单位施加影响承揽工程、分包工程、推销或采购材料、产品等；

（九）禁止收受被检查单位礼品、现金、有价证券，参加有碍公务的旅游、宴请、娱乐等；

（十）禁止向被检查单位提出与检查无关的要求、报销费用或发生违反八项规定精神的其他行为。

第十六条 水利督查人员在督查工作中存在工作不负责、履职不到位等情况的，给予谈话、警告、通报批评、调离岗位、清除出督查队伍等处理；违犯党纪、政纪的，按照有关规定执行；涉嫌犯罪的，移送司法机关依法处理。

水利督查队伍人员管理负面清单及责任追究标准见附件。

第十七条　水利督查人员作出以下成绩，水利督查队伍可报请上级主管部门予以表彰：

（一）为保证安全、避免重大事故（事件）发生等作出突出贡献的；

（二）创新工作方式方法，显著提高督查质量和效率，受到上级认可并推行的；

（三）作出其他突出工作成绩的。

第四章　工作管理

第十八条　水利督查队伍应以法律、法规、规章、规范性文件和技术标准等为督查工作依据。

第十九条　水利督查队伍开展督查工作应坚持暗访与明查相结合，以暗访为主，工作过程实行闭环管理，应包括"查、认、改、罚"等环节。

第二十条　水利督查队伍可根据工作需要派出督查组，具体承担督查任务。督查组实行组长负责制，人员组成和数量根据实际任务情况确定。

第二十一条　水利督查队伍应根据具体督查任务，结合工作实际，制定督查方案。督查方案应包括督查内容、督查范围、分组分工、督查方法、时间安排、有关要求等。

第二十二条　水利督查人员应持证开展现场督查，并依据督查要求，坚持以问题为导向，按照问题清单开展检查，通过"查、看、问、访、核、检"等方式掌握实际情况。

第二十三条　水利督查人员开展现场督查，应按规定操作仪器设备，做好安全防护，保证人身、财产安全。

第二十四条　水利督查人员应客观完整保存、记录督查重要事项、证据资料，建立问题台账，发现问题应与被督查单位进行反馈。

第二十五条　水利督查队伍和督查人员应按要求及时提交督查信息或督查报告。督查信息和督查报告应事实清楚、依据充分、定性准确、文字精练、格式规范。

第二十六条　水利督查人员在督查中发现重大问题或遇到紧急情况时，

应及时报告。

第二十七条　水利督查队伍应跟踪督促问题整改落实情况，适时开展复查。

第五章　工作保障

第二十八条　水利督查工作经费纳入预算管理。各水利督查队伍应根据年度工作目标、任务和工作计划，合理编制预算，纳入年度预算。

第二十九条　水利督查队伍开展工作应当保障工作用车，严格车辆管理，保证行车安全。

第三十条　水利督查队伍开展工作应当配备必要的工作装备和劳保防护用品等，保障督查工作安全高效。

第三十一条　水利督查队伍应合理设置相关服务设施，积极利用水利行业河道管理所、水文站点、执法基地等资源，为水利督查人员开展工作创造便利条件。

第三十二条　水利督查队伍应充分利用督查业务信息管理平台、终端等设备设施，通过督查业务各环节"互联网＋"管理方式，发挥支撑作用，实现问题精准定位、全程跟踪，提高督查工作实效。

第三十三条　水利督查队伍应按国家和水利部有关规定制定合理的工时考勤、加班加时等办法，给予水利督查人员与工作任务相适应的待遇保障，为水利督查人员办理人身意外伤害保险。

督查工作中发生住宿无法取得发票的，可按照财政部《关于印发〈中央和国家机关差旅费管理办法有关问题的解答〉的通知》（财办行〔2014〕90号）和《水利部办公厅关于转发财政部〈中央和国家机关差旅费管理办法〉的通知》（办财务〔2014〕32号）的有关规定执行。

第三十四条　水利督查队伍应加强应急管理，建立健全应急处置机制，落实应急措施，提高督查过程突发事件应对能力。

第三十五条　建立督查专家库的水利督查队伍，应制定专家管理办法，加强专家遴选、培训、考核等工作。

第六章　绩效管理

第三十六条　水利督查队伍督查工作绩效管理实行年度考核制，每年考核一次，年底前完成。

第三十七条　水利部督查办负责本级督查队伍、流域管理机构督查工作考核。流域管理机构负责所辖水利督查队伍督查工作考核，并将考核结果报水利部督查办核备。

第三十八条　考核实行赋分制，考核内容包括能力建设、监督检查、工作绩效、综合评价等。考核结果分为优秀、良好、合格、不合格四个等次。具体考核办法另行制定。

第三十九条　水利督查队伍有下列情况之一的，考核结果为不合格：

（一）督查工作组织存在过失导致较大及以上责任事故的；

（二）督查队伍受到违法违纪处理的。

第四十条　水利督查队伍有下列情况之一的，考核结果不得评为优秀等次：

（一）列入督办的督查事项未办结的；

（二）督查工作组织存在过失导致一般责任事故的；

（三）督查人员存在违法违纪行为的。

第四十一条　考核结果由水利部督查办负责汇总，报水利部水利督查工作领导小组审定后进行通报。考核结果纳入年度综合考评，作为干部任用、考核、奖惩的参考。

第七章　附　　则

第四十二条　本办法自发布之日起施行。

附件：1. 水利督查队伍人员管理负面清单

2. 水利督查队伍人员管理负面清单责任追究标准

水利部关于印发水利工程建设质量与安全生产监督检查办法（试行）和水利工程合同监督检查办法（试行）两个办法的通知

水监督〔2019〕139号

部直属有关单位，各省、自治区、直辖市水利（水务）厅（局），各计划单列市水利（水务）局，新疆生产建设兵团水利局：

为贯彻落实"水利工程补短板、水利行业强监管"的水利改革发展总基调，进一步加强水利监督管理，我部组织编制了《水利工程建设质量与安全生产监督检查办法（试行）》和《水利工程合同监督检查办法（试行）》两项制度。

现印发给你单位，请遵照执行。

水利部
2019 年 5 月 6 日

水利工程建设质量与安全生产监督检查办法（试行）
第一章　总　　则

第一条　为落实水利工程建设质量、安全生产管理责任，根据《中华人民共和国安全生产法》《建设工程质量管理条例》《建设工程安全生产管理条例》等法律、法规、规章，制定本办法。

第二条　本办法适用于水利工程建设质量与安全生产的监督检查、问题认定和责任追究。

本办法所称水利工程，是指由国家投资、中央和地方共同投资、地方投资以及其他投资方式兴建的防洪、除涝、灌溉、水力发电、供水、围垦、采用工程措施的水土保持等（包括新建、续建、改建、扩建、加固、修复）工程建设项目。

第三条　本办法所称质量管理是指建设、勘察设计、监理、施工、质量检测等参建单位按照法律、法规、规章、技术标准和设计文件开展的质量策划、质量控制、质量保证、质量服务和质量改进等工作。

本办法所称安全生产管理是指建设、勘察设计、监理、施工、质量检测等参建单位按照法律、法规、规章、技术标准和设计文件开展安全策划、安全预防、安全治理、安全改善、安全保障等工作。

质量与安全生产管理职责是指各参建单位履行质量、安全生产管理应承担的责任和义务。

第四条　本办法所称水利工程建设质量、安全生产问题，包括质量管理违规行为、安全生产管理违规行为、质量缺陷。

水利工程质量与生产安全事故的分类、报告、调查、处理、处罚等工作按照《水利工程质量事故处理暂行规定》和《生产安全事故报告和调查处理条例》执行。

第五条　水利工程项目法人（建设单位）、勘察设计、监理、施工、质量检测等参建单位是质量、安全生产问题的责任单位。

项目法人（建设单位）对工程建设质量、安全生产管理负总责，其他参建单位作为责任主体，依照法律、法规、规章和合同对水利工程建设质量、安全生产管理负责。

第六条　水利部、各流域管理机构、县级以上地方人民政府水行政主管部门是水利工程建设质量、安全生产监督检查单位。

水利部对全国的水利工程建设质量、安全生产实施统一监督管理，指导各级地方水行政主管部门的质量与安全生产管理工作，负责组织对质量、安全生产问题进行监督检查、问题认定和责任追究。

县级以上地方人民政府水行政主管部门对本行政区域内有管辖权的水利工程建设质量与安全生产实施监督管理，负责组织对质量、安全生产问题进行监督检查、问题认定和责任追究。

各流域管理机构对本流域内有管辖权的水利工程建设质量、安全生产实施监督管理，指导地方水行政主管部门的质量与安全生产管理工作，负责组织对质量、安全生产问题进行监督检查、问题认定和责任追究。

第二章　问题分类

第七条　质量、安全生产管理违规行为是指水利工程建设参建单位及其人员违反法律、法规、规章、技术标准、设计文件和合同要求的各类行为。

第八条　质量管理违规行为分为一般质量管理违规行为、较重质量管理违规行为、严重质量管理违规行为。

安全生产管理违规行为分为一般安全生产管理违规行为、较重安全生产管理违规行为、严重安全生产管理违规行为。

质量管理违规行为分类标准见附件1，安全生产管理违规行为分类标准见附件2。

第九条　质量缺陷是指未能及时对不符合技术标准和设计要求的工程实体质量进行处理的质量问题，或者是经过处理后不影响工程正常使用和工程合理使用年限的质量问题。

第十条　质量缺陷分为一般质量缺陷、较重质量缺陷、严重质量缺陷。

质量缺陷分类标准见附件3。

第三章 问题认定

第十一条 对检查中发现的质量、安全生产管理违规行为，按照质量管理违规行为、安全生产管理违规行为分类标准进行问题认定。

第十二条 对检查中发现的质量缺陷，按照质量缺陷分类标准进行问题认定。

第十三条 对需要进行质量问题鉴定的质量缺陷，委托有关单位开展常规鉴定或权威鉴定。

常规鉴定是指项目法人或现场监督检查组利用快速检测手段进行检测，或委托有资质的检测单位对质量缺陷进行检测，认定问题性质。

权威鉴定是指水利部、流域管理机构、省级地方人民政府水行政主管部门等监督检查单位委托工程建设专业领域甲级资质的检测单位，对可能造成质量事故的质量缺陷进行检测，认定问题性质。

第十四条 各级监督检查单位对检查现场发现的质量、生产安全事故进行初步调查，督促建设及有关单位及时履行事故报告、处理程序。

第十五条 监督检查单位在对质量、安全生产问题进行责任认定时，应听取被检查单位的陈述和申辩，对其提出的理由和证据予以复核。

第四章 责任追究

第十六条 水利部按照"一省一单"或"一项一单"的方式，对有关质量、安全生产问题责任单位印发整改通知并对项目法人（建设单位）、勘察设计、监理、施工、质量检测等参建单位实施责任追究；按年度汇总分析责任追究结果，对流域管理机构、各级地方人民政府水行政主管部门实施行政管理责任追究。

第十七条 对责任单位的责任追究方式分为：

（一）责令整改。责令责任单位限期整改质量、安全生产问题。

（二）约谈。就责任单位的质量、安全生产问题约谈责任单位负责人，要求其限期整改。

（三）停工整改。责成项目法人（建设单位）、监理机构依据《建设工程安全生产管理条例》《水利工程建设项目施工监理规范》等对责任单位承担的水利工程项目责令其停工整改。

（四）经济责任。对责任单位依法处以罚款，或者责成项目法人（建设单位）对责任单位依据合同追究责任单位违约责任。

（五）通报批评。就责任单位的质量、安全生产问题在水利系统通报批评。

（六）建议解除合同。按照工程隶属关系，向项目主管部门或者项目法人出具解除合同建议书。视具体情节，建议书可以规定不长于90天的观察期，观察期内完成整改的，建议书终止执行。

（七）降低资质。依照《建设工程质量管理条例》《建设工程安全生产管理条例》规定，提请资质审批机关对有关责任单位降低资质等级，情节严重的，吊销资质证书。

（八）相关法律、法规、规章规定的其他责任追究方式。

第十八条 根据发生质量管理违规行为、安全生产管理违规行为、质量缺陷的数量、类别等，对责任单位采用本办法第十七条中的一项或多项措施实施责任追究。

质量与安全生产问题责任单位责任追究标准见附件4。

第十九条 对被水利部实施责任追究的单位存在的质量、安全生产问题，责成或建议建设项目上级行政主管部门或项目法人（建设单位）对直接责任人和领导责任人实施责任追究。

本办法所称直接责任人是指被责任追究单位负责质量、安全生产管理的具体人员；领导责任人包括：被责任追究单位主要负责人、分管负责人，项目法人（建设单位）分管负责人、质量与安全生产管理部门负责人等。

质量与安全生产问题责任人的责任追究标准见附件5。

第二十条 对违反《建设工程质量管理条例》《建设工程勘察设计管理条例》《建设工程安全生产管理条例》规定且造成后果的特别严重问题，按照相关法律、法规规定进行处罚。

第二十一条 一年内，水利部对流域管理机构、各级地方人民政府水行政主管部门在其管辖范围内存在多家责任单位被实施责任追究的，追究其行政管理责任。

同一个建设项目的勘察设计、监理、施工、质量检测等参建单位，按照本办法第十七条、十八条规定被水利部实施通报批评（含）以上责任追究的，其项目法人（建设单位）也应被实施主体责任追究。

对管辖范围内水利工程建设质量、安全生产管理混乱，质量、安全生产管理失职的水行政管理负责人和项目法人负责人，责成或建议上级行政主管部门给予其行政处分。

行政管理责任追究和主体责任追究标准见附件6。

第二十二条　有下列情况之一的，予以从重一级责任追究：

（一）对危及工程结构、运行安全等严重隐患未采取措施或措施不当的；

（二）隐瞒质量、安全生产问题的；

（三）拒不整改质量、安全生产问题的；

（四）一年内被责任追究三次及以上的；

（五）其他依法依规应予以从重责任追究的。

第二十三条　责任单位主动自查自纠质量、安全生产问题或有其他依规应予以减轻或免于责任追究情况的，予以减轻或免于责任追究。

第二十四条　对责任单位予以从重、减轻或免于责任追究时，应提供客观、准确并经核实的文件、记录、图片或声像等相关资料。

第二十五条　水利部可责成或建议流域管理机构、县级以上人民政府水行政主管部门、项目法人（建设单位）按照法律法规规定和合同约定督促有关责任单位和责任人履行合同义务。

第二十六条　对项目法人（建设单位）、勘察设计、监理、施工、质量检测等责任单位的责任追究，依据有关规定由相关部门及时记入水利工程建设信用档案；由水利部实施通报批评（含）以上的责任追究，在全国水利建设市场监管服务平台公示6个月。

第五章　附　　则

第二十七条　水利部、各流域管理机构、县级以上人民政府水行政主管部门监督检查发现的问题，项目法人（建设单位）应按要求组织限期整改，并及时报告整改情况。

第二十八条　按照本办法第十七条、十八条规定被水利部实施通报批评（含）以上责任追究的责任单位，不得参加当年质量、安全生产管理先进单位评审。

第二十九条　县级以上地方人民政府水行政主管部门参照本办法执行。

第三十条　本办法自印发之日起施行。

附件：1. 质量管理违规行为分类标准

2. 安全生产管理违规行为分类标准

3. 质量缺陷分类标准

4. 质量与安全生产问题责任单位责任追究标准

5. 质量与安全生产问题责任人责任追究标准

6. 行政管理责任追究和主体责任追究标准

水利工程合同监督检查办法（试行）
第一章　总　　则

第一条　为加强水利工程合同监督管理，保证水利工程合同有效实施，根据《中华人民共和国合同法》（《中华人民共和国合同法》现已废止，相关规定可参见《中华人民共和国民法典》）、《水利工程建设项目管理规定（试行）》等有关法律、法规、规章，结合水利工程实际，制定本办法。

第二条　本办法适用于水利工程合同管理的监督检查、问题认定和责任追究。

第三条　本办法所称合同主要包括水利工程建设合同、运行维护合同等。

水利工程建设合同包括建设管理、勘察设计、监理、土建工程施工、材料设备采购、金属结构及机电设备制造与安装、试验检测、咨询等合同。

水利工程运行维护合同包括委托运行管理、维修养护、安全监测等合同。

第四条　合同监督检查的主要内容包括：

（一）合同管理规章制度的制定及执行情况；

（二）合同的订立、履行、备案审批与验收情况；

（三）合同变更索赔与争议事项的解决；

（四）其他与合同有关的事项。

第五条　水利部、流域管理机构、省级地方人民政府水行政主管部门按照各自职责负责合同的监督检查、问题认定和责任追究。

第二章　合同监督管理职责

第六条　水利部指导并负责全国水利工程合同管理的监督检查工作，对发生合同问题的责任单位实施责任追究。

流域管理机构负责本流域有管辖权的水利工程合同管理的监督检查，对发生合同问题的责任单位和责任人实施责任追究。

省级地方人民政府水行政主管部门负责本行政区域内水利工程合同管理的监督检查，对发生合同问题的责任单位和责任人实施责任追究。

第七条 项目法人（建设单位）合同管理的主要职责：

（一）按照有关规定负责合同的订立；

（二）行使合同权利，履行合同义务；

（三）对委托订立合同的履行情况进行检查；

（四）组织合同完成情况验收；

（五）国家法律法规规定的合同管理事项；

（六）配合开展相关监督检查，及时组织问题整改并落实责任追究。

第八条 运行管理单位合同管理的主要职责：

（一）负责运行管理、维修养护、安全监测等合同的订立；

（二）行使合同权利，履行合同义务；

（三）对委托订立合同的履行情况进行检查；

（四）组织合同完成情况验收；

（五）国家法律法规规定的合同管理事项；

（六）配合开展相关监督检查，及时组织问题整改并落实责任追究。

第九条 勘察、设计、监理、施工、质量检测、咨询等参建单位以及运行维护等承包单位依照合同及相关规定履行合同管理职责。

第三章 合同订立与履行

第十条 合同订立应遵照国家法律法规和有关规定，采用标准合同范本；没有标准合同范本的，由合同当事人协商确定。

第十一条 合同应包括当事人名称、标的、数量、质量、价款及价款支付、履行期限、双方的违约责任、争议解决方式、地点和联系方式等内容。

第十二条 合同当事人依法享有合同权利，应当积极履行合同义务，并相互监督，不得擅自变更或修改合同内容，确需变更或修改合同内容的，应按合同约定或有关规定执行。

第十三条 水利工程建设合同工程完工验收应按照《水利工程建设项目验收管理规定》实施；运行维护合同验收应按照合同条款及行业相关规定

执行。

第十四条 水利工程分包是指承包单位将其所承包工程中的部分工程依法分包给具有相应资质的其他单位完成的活动，工程分包应符合下列规定：

（一）投标文件中载明或在施工合同中约定采用工程分包的，应当明确分包单位的名称、资质、业绩、分包项目内容、现场主要管理人员及设备资源等相关内容。分包单位进场需经监理单位批准。

（二）投标文件、施工合同未明确，工程项目开工后需采用工程分包的，承包单位须将拟分包单位的名称、资质、业绩、现场主要管理人员及设备资源等情况报监理单位审核，项目法人（建设单位）审批。

第十五条 水利工程劳务分包是指承包单位将其承包工程中的劳务作业分包给其他企业或组织完成的活动。

采用劳务分包的，承包单位须将拟分包单位的名称、资质、业绩、现场主要管理人员及投入人员的工种、数量等情况报监理单位审核，项目法人（建设单位）审批。

第十六条 承包单位采用工程分包或劳务分包，不免除其按合同约定应承担的责任。

第十七条 分包单位应认真履行分包合同中约定的义务，接受项目法人（建设单位）、监理单位和承包单位对其履行分包合同情况的检查。

第十八条 分包单位现场主要管理人员不得擅自变更，确需变更的应履行变更审批手续，报承包单位批准，并报监理单位和项目法人（建设单位）备案。

第四章 问题认定与责任追究

第十九条 本办法所称合同问题是指合同当事人在合同订立、履行和管理过程中违反国家法律法规和有关规定或合同约定的事项。合同当事人是合同问题的责任单位。

第二十条 合同问题分为一般合同问题、较重合同问题、严重合同问题、特别严重合同问题。对检查发现的合同问题，按照本办法及合同问题分类标准进行认定。

合同问题分类标准见附件1。

第二十一条 水利部按照"一省一单"或"一项一单"的方式，对监督检查发现合同问题的责任单位印发整改通知并实施责任追究。

第二十二条 对单位的责任追究方式分为：

（一）责令整改（责成责任单位对合同问题限期整改）；

（二）约谈（针对合同问题约谈责任单位负责人）；

（三）经济责任（责任单位按照合同约定承担违约责任）；

（四）通报批评（针对合同问题向省级人民政府水行政主管部门通报、水利行业内通报、省级人民政府通报等）；

（五）建议解除合同（按照工程隶属关系，向项目主管部门或者项目法人出具解除合同建议书。视具体情节，建议书中可以规定不长于90日的观察期，观察期内完成整改的，建议书终止执行）；

（六）相关法律、法规、规章等规定的其他责任追究方式。

第二十三条 根据责任单位所发生合同问题的数量、性质、类别等，适用本办法第二十二条中的一项或多项责任追究。

合同问题责任单位责任追究标准见附件2。

第二十四条 水利部按年度汇总分析合同问题责任追究情况。流域管理机构、省级水行政主管部门在其管辖范围内，有多家合同责任单位被水利部实施本办法第二十二条通报批评（含）以上责任追究的，对其实施行政管理责任追究。

项目法人（建设单位）、运行管理单位在其管辖范围内有多家合同责任单位被水利部实施本办法第二十二条通报批评（含）以上责任追究的，对其实施主体责任追究。

被水利部实施行政管理责任追究和主体责任追究的单位，建议其上级行政主管部门（单位）对相关责任人给予相应的行政处分。

合同问题行政管理责任或主体责任追究标准见附件3。

第二十五条 责任单位发生转包、违法分包、出借借用资质的，属特别严重合同问题，按照本办法第二十二条第（四）项、第（五）项进行即时责任追究，并在全国水利建设市场监管服务平台公示6个月。

第二十六条 有下列行为之一的，属于本办法所称转包：

（一）承包单位将承包的全部建设工程转包给其他单位（包括母公司承接工程后将所承接工程交由具有独立法人资格的子公司施工的情形）或个人的；

（二）将承包的全部建设工程肢解后以分包名义转包给其他单位或个人的；

（三）承包单位将其承包的全部工程以内部承包合同等形式交由分公司施工；

（四）采取联营合作形式承包，其中一方将其全部工程交由联营另一方施工；

（五）全部工程由劳务作业分包单位实施，劳务作业分包单位计取报酬是除上缴给承包单位管理费之外全部工程价款的；

（六）签订合同后，承包单位未按合同约定设立现场管理机构；或未按投标承诺派驻本单位主要管理人员或未对工程质量、进度、安全、财务等进行实质性管理；

（七）承包单位不履行管理义务，只向实际施工单位收取管理费；

（八）法律法规规定的其他转包行为。

第二十七条 有下列行为之一的，属于本办法所称违法分包：

（一）将工程分包给不具备相应资质或安全生产许可证的单位或个人施工的；

（二）施工承包合同中未有约定，又未经项目法人书面认可，将工程分包给其他单位施工的；

（三）将主要建筑物的主体结构工程分包的；

（四）工程分包单位将其承包的工程中非劳务作业部分再次分包的；

（五）劳务作业分包单位将其承包的劳务作业再分包的；或除计取劳务作业费用外，还计取主要建筑材料款和大中型机械设备费用的；

（六）承包单位未与分包单位签订分包合同，或分包合同不满足承包合同中相关要求的；

（七）法律法规规定的其他违法分包行为。

第二十八条 有下列行为之一的，属于本办法所称出借或借用他人资质承揽工程：

（一）单位或个人借用其他单位的资质承揽工程的；

（二）投标人法定代表人的授权代表人不是投标单位人员的；

（三）实际施工单位使用承包单位资质中标后，以承包单位分公司、项目部等名义组织实施，但两公司无实质隶属关系的；

（四）工程分包的发包单位不是该工程的承包单位，或劳务作业分包的发包单位不是该工程的承包单位或工程分包单位的；

（五）承包单位派驻施工现场的主要管理负责人中，部分人员不是本单位人员的；

（六）承包单位与项目法人之间没有工程款收付关系，或者工程款支付凭证上载明的单位与施工合同中载明的承包单位不一致的；

（七）合同约定由承包单位负责采购、租赁的主要建筑材料、工程设备等，由其他单位或个人采购、租赁，或者承包单位不能提供有关采购、租赁合同及发票等证明，又不能进行合理解释并提供证明材料的；

（八）法律法规规定的其他出借借用资质行为。

第二十九条　责任单位有下列情况之一的，予以从重责任追究：

（一）经举报调查属实，合同一方或双方存在严重违约行为；

（二）隐瞒、谎报合同问题等恶劣行为；

（三）合同问题拒不整改或未按规定时限完成整改的；

（四）一年内被责任追究三次（含）及以上的；

（五）其他依法依规应予以从重责任追究的。

第三十条　责任单位有下列情况之一的，予以减轻或免于责任追究：

（一）主动自查自纠的合同问题；

（二）其他依法应予减轻或免于责任追究的合同问题。

第三十一条　对责任单位予以从重、减轻或免于责任追究时，应提供客观、准确并经核实的文件、记录、图片或声像等相关资料。

第三十二条　水利部可责成流域管理机构、省级水行政主管部门实施责任追究，必要时可向地方人民政府提出责任追究建议，并可建议项目法人（建设单位）、运行管理单位按照有关规定或合同约定实施责任追究。

第三十三条　对项目法人（建设单位）、勘察设计、监理、施工、材料设备采购、质量检测、运行维护等合同责任单位的责任追究，依据有关规定由相关部门记入全国水利建设市场信用档案。按照本办法第二十二条规定由水利部实施通报批评（含）以上的责任追究，在全国水利建设市场监管服务平台公示 6 个月。

第五章 附 则

第三十四条 各级水行政主管部门监督检查发现的合同问题，项目法人、建设及运行管理等单位应建立问题台账，明确整改措施、时限、责任单位和责任人等，限期组织整改落实。

第三十五条 本办法自印发之日起施行，县级以上地方人民政府水行政主管部门可参照执行。

附件：1. 合同问题分类标准
2. 合同问题责任单位责任追究标准
3. 合同问题行政管理责任或主体责任追究标准

水利部关于印发水利部特定飞检工作规定（试行）等三个办法的通知

水监督〔2019〕123 号

部直属各单位，各省、自治区、直辖市水利（水务）厅（局），各计划单列市水利（水务）局，新疆生产建设兵团水利局：

为加强水利监督管理，我部组织编制了《水利部特定飞检工作规定（试行）》《水利工程运行管理监督检查办法（试行）》《小型水库安全运行监督检查办法（试行）》三个办法。现印发你单位，请遵照执行。

水利部
2019 年 4 月 15 日

水利部特定飞检工作规定（试行）

第一章 总 则

第一条 为加强水利部特定飞检工作，强化问题警示作用，坚持以问题为导向，提高水利行业管理水平，根据《中华人民共和国水法》《水利部职能配置、内设机构和人员编制规定》等，制定本规定。

第二条 本规定所称"特定飞检"系指由水利部部领导带队对水利行业实施的监督检查。特定飞检采取检查前不发通知、不向被检查单位告知行动路线、不要求被检查单位陪同、不要求被检查单位汇报、直赴项目现场、直接接触一线工作人员的"四不两直"工作机制。

第三条　特定飞检依据法律、法规、规章、政策文件、技术标准和合同等有关规定对水利行业实施监督检查，重点关注管理薄弱、工作协调难度大或存在较多敏感性、复杂性、重大性问题的领域，主要检查以下内容：

（一）违反或未严格执行有关法律、法规、规章、政策文件、技术标准和合同等情况；

（二）管理违规行为；

（三）工程实体缺陷；

（四）整改不力或整改后反复出现的问题；

（五）安全风险隐患；

（六）其他问题。

第二章　问题认定与责任追究

第四条　特定飞检发现的问题认定为典型问题，被检查单位可现场或在24小时内提供相关材料进行陈述、申辩。

第五条　水利部可直接实施责任追究或责成流域管理机构、省级人民政府水行政主管部门实施责任追究，必要时可向地方人民政府提出责任追究建议，并可建议相关企、事业单位按照有关规定或合同约定实施进一步责任追究。

第六条　责任追究包括对单位责任追究和对个人责任追究。单位包括直接责任单位和领导责任单位，其中领导责任单位包括负有领导责任的各级行政主管单位或业务主管单位（部门）。个人包括直接责任人和领导责任人，其中领导责任人包括直接责任单位和领导责任单位的主要领导、分管领导、主管领导等。

第七条　对责任单位的责任追究方式分为：

（一）责令整改；

（二）警示约谈；

（三）通报批评（含向省级人民政府水行政主管部门通报、水利行业内通报、向省级人民政府通报等，下同）；

（四）其他相关法律、法规、规章等规定的责任追究。

第八条　对责任人的责任追究方式分为：

（一）责令整改；

（二）警示约谈；

（三）通报批评；

（四）建议调离岗位；

（五）建议降职或降级；

（六）建议开除或解除劳动合同；

（七）其他相关法律、法规、规章等规定的责任追究。

第九条 根据每次特定飞检发现问题的数量，按责任追究标准（附件1、附件2）对责任单位和责任人实施责任追究。

第十条 特定飞检现场发现推诿、隐瞒、造假、阻碍、拒绝等恶劣行为，由水利部部领导现场实施警示约谈、通报批评等即时责任追究；情节特别严重的，对直接责任人从重责任追究，直至提出开除或解除劳动合同的建议。

第十一条 由水利部实施水利行业内通报（含）以上的责任追究，将按要求在"中国水利部网站"公示6个月。

第三章 附 则

第十二条 特定飞检发现问题后，水利部下发"典型问题整改通知"，提出即时整改要求；对可能危害人民群众生命财产安全、影响水利行业改革推进和发展、威胁工程安全或不立即处理可能产生严重后果的问题，水利部委托或责成有关单位实施驻点监管，跟踪问题整改落实。

第十三条 被检查单位对照"典型问题整改通知"要求组织整改，明确整改措施、整改时限、整改责任单位和责任人等，并将整改结果上报水利部。

第十四条 水利部或责成流域管理机构对整改情况组织核查，对整改到位的问题予以销号；对未按规定时限整改或整改不到位的问题实施从重责任追究。

第十五条 被检查单位对特定飞检发现的问题要全面排查，汲取教训，杜绝同类问题重复发生；对被检查单位管辖范围内重复发生的同类问题实施从重责任追究。

第十六条 本规定自印发之日起施行。

附件：1. 责任单位的责任追究标准
　　　2. 责任人的责任追究标准

水利工程运行管理监督检查办法（试行）

第一章 总 则

第一条 为加强水利工程运行监管，落实运行管理责任，确保工程安全平稳运行，根据《中华人民共和国水法》《中华人民共和国防洪法》《水利工程管理体制改革实施意见》《关于深化小型水利工程管理体制改革的指导意见》等有关法律、法规、规章、政策文件和技术标准，制定本办法。

第二条 本办法适用于水利工程运行管理的监督检查、问题认定和责任追究。

第三条 水利部、各流域管理机构、县级以上人民政府水行政主管部门是水利工程运行管理的监督检查单位，负责监督检查、问题认定和责任追究。

第四条 水利工程管理单位（以下简称水管单位，含纯公益性、准公益性和经营性水管单位）负责所属工程的管理、运行和维护，严格履行各项职责，保证工程安全和效益发挥；水管单位是水利工程运行管理问题的第一责任人，承担对问题进行自查自纠、整改销号和信息建档等工作。

水利工程主管部门（含各级地方人民政府以及水利、能源、建设、交通、农业等有关部门）对所属工程的运行安全和水管单位负有领导责任，负责对水利工程运行管理进行监督指导、组织并督促各类检查发现问题的整改落实、按要求严格履行各项职责及落实责任追究等工作。

第五条 各级水行政主管部门对管辖范围内的水利工程及运行管理问题负有行业监管责任。

第二章 问题分类

第六条 水利工程运行管理问题包括运行管理违规行为和工程缺陷。

第七条 运行管理违规行为是指有关工作人员违反或未严格执行工程运行管理有关法律、法规、规章、政策文件、技术标准和合同等各类运行管理行为。

第八条 运行管理违规行为分一般运行管理违规行为、较重运行管理违规行为、严重运行管理违规行为、特别严重运行管理违规行为。

运行管理违规行为分类标准见附件1。

第九条 工程缺陷是指因正常损耗老化、除险加固不及时、维修养护缺失或运行管理不当等造成水利工程实体、设施设备等残破、损坏或失去应有效能，影响水利工程运行或构成隐患的问题。

第十条 工程缺陷分一般工程缺陷、较重工程缺陷、严重工程缺陷。

工程缺陷分类标准见附件2。

第三章 问题认定与责任追究

第十一条 对检查发现的运行管理问题按照运行管理违规行为分类标准和工程缺陷分类标准进行认定。

第十二条 对运行管理问题进行认定时，被检查单位可现场或在48小时内提供相关材料进行陈述、申辩，各监督检查单位应听取被检查单位的陈述、申辩，对其提出的理由和材料予以复核。

第十三条 水管单位应对所属工程开展定期排查与日常检查，对发现的问题逐一登记、整改处理、建立台账、定期更新并按要求上报相关主管部门。

定期上报并已制订整改计划的运行管理问题，在提供证明材料后，原则上不计入问题数量统计。

第十四条 水利部可直接实施责任追究或责成流域管理机构、省级人民政府水行政主管部门实施责任追究，必要时可向地方人民政府提出责任追究建议，并可建议相关企、事业单位按照有关规定或合同约定实施进一步责任追究。

第十五条 责任追究包括对单位责任追究和对个人责任追究。

单位包括直接责任单位和领导责任单位，其中直接责任单位包括水管单位、工程维修养护单位等；领导责任单位包括负有领导责任的各级行政主管单位或业务主管部门。个人包括直接责任人和领导责任人，其中直接责任人包括运行管理人员、工程维修养护单位工作人员等；领导责任人包括直接责任单位和领导责任单位的主要领导、分管领导、主管领导等。

第十六条 对责任单位的责任追究方式分为：

（一）责令整改；

（二）警示约谈；

（三）通报批评（含向省级人民政府水行政主管部门通报、水利行业内通报、向省级人民政府通报等，下同）；

（四）其他相关法律、法规、规章等规定的责任追究。

第十七条　对责任人的责任追究方式分为：

（一）责令整改；

（二）警示约谈；

（三）通报批评；

（四）建议调离岗位；

（五）建议降职或降级；

（六）建议开除或解除劳动合同；

（七）其他相关法律、法规、规章等规定的责任追究。

第十八条　根据运行管理问题的数量与类别，按责任追究标准对责任单位和责任人实施责任追究。

运行管理问题责任追究标准见附件3。

第十九条　责任单位或责任人有下列情况之一，从重责任追究：

（一）对危及工程安全平稳运行的严重隐患未采取有效措施或措施不当；

（二）造假、隐瞒运行管理问题等恶劣行为；

（三）举报的运行管理问题经调查属实；

（四）无特殊情况，运行管理问题未按规定时限完成整改或整改不到位；

（五）一年内，同一直接责任单位被责任追究三次（含）及以上，领导责任单位管辖范围内被责任追究三家次（含）及以上；

（六）其他依法依规应予以从重责任追究的情形。

第二十条　责任单位或责任人有下列情况之一，可予以减轻或免于责任追究：

（一）主动自查自纠运行管理问题；

（二）其他依法依规应予以减轻或免于责任追究的情形。

第二十一条　对责任单位或责任人予以从重、减轻或免于责任追究时，应提供客观、准确并经核实的文件、记录、图片或声像等相关资料。

第二十二条　由水利部实施水利行业内通报（含）以上的责任追究，将按要求在"中国水利部网站"公示6个月。

第二十三条　对水利工程运行维修养护、功能完善、除险加固等项目建设过程中出现的质量问题和合同问题，可参照《水利工程建设质量与安全生产监督检查办法（试行）》《水利工程合同监督检查办法（试行）》有关规定实施责任追究；对运行管理中出现的资金问题，可参照《水利资金监督检查办法（试行）》有关规定实施责任追究。

第四章　附　　则

第二十四条　根据运行管理问题的数量与类别，水利部下发"问题整改通知"，对威胁工程安全或不立即处理可能影响工程运行和使用寿命的运行管理问题，水利部委托或责成相关主管部门实施驻点监管，跟踪问题整改落实。

第二十五条　水管单位对照"问题整改通知"要求组织整改，明确整改措施、整改时限、整改责任单位和责任人等，并按要求将整改结果上报。

第二十六条　本办法自印发之日起施行。

附件：1. 水利工程运行管理违规行为分类标准

　　　2. 水利工程缺陷分类标准

　　　3. 水利工程运行管理问题责任追究标准

小型水库安全运行监督检查办法（试行）

第一条　为加强小型水库工程运行监管，落实安全运行责任，根据《水库大坝安全管理条例》《小型水库安全管理办法》《关于深化小型水利工程管理体制改革的指导意见》《水利工程运行管理监督检查办法（试行）》和《关于落实水库安全度汛应急抢护措施的通知》等有关法律、法规、规章、政策文件和技术标准，制定本办法。

第二条　本办法适用于水利部组织的小型水库工程安全运行监督检查，各级水行政主管部门可参照执行。

第三条　水利部、各流域管理机构是小型水库工程安全运行的监督检查单位，负责监督检查、问题认定和责任追究。

第四条　各级地方人民政府按照职责划分对管辖范围内小型水库安全运行负总责，组织、监督和指导小型水库"三个责任人"（安全度汛行政责任人、抢险技术责任人、值守巡查责任人，下同）、"三个重点环节"〔监测预报预警通信措施、调度（运用）方案、安全管理（防汛）应急预案，下同〕和工程安全运行问题整改等工作的落实。

第五条 小型水库主管部门（或业主）、产权所有者和管理单位负责所属水库的安全管理、运行和维护，具体落实抢险技术责任人、值守巡查责任人和"三个重点环节"，严格履行各项职责，保证水库安全和效益发挥；小型水库管理单位是所属水库安全运行问题的第一责任人，承担对安全运行问题进行自查自纠、整改销号和信息建档等工作。

第六条 对检查发现的安全运行问题按照小型水库工程安全运行问题分类标准进行认定。

安全运行问题分类标准见附件1和附件2。

第七条 小型水库管理单位应对所属工程开展定期排查与日常检查，对发现的问题要逐一登记、整改处理、建立台账、定期更新并按要求上报相关小型水库主管部门（或业主）。

定期上报并已制订整改计划的安全运行问题，在提供证明材料后，原则上不计入责任追究问题数量统计。

第八条 水利部可直接实施责任追究或责成流域管理机构、省级人民政府水行政主管部门实施责任追究，必要时可向地方人民政府提出责任追究建议，并可建议相关企、事业单位按照有关规定或合同约定实施进一步责任追究。

第九条 责任追究包括对单位责任追究和对个人责任追究。

第十条 单位包括直接责任单位和领导责任单位。直接责任单位包括小型水库管理单位、产权所有者、水库主管部门（或业主）、工程维修养护单位等；领导责任单位包括负有领导责任的各级行政主管单位或业务主管部门。

第十一条 个人包括直接责任人和领导责任人。直接责任人包括"三个责任人"、运行管理人员、工程维修养护单位工作人员等；领导责任人包括直接责任单位和领导责任单位的主要领导、分管领导、主管领导等。

第十二条 对责任单位的责任追究方式分为：

（一）责令整改；

（二）警示约谈；

（三）通报批评（含向省级人民政府水行政主管部门通报、水利行业内通报、向省级人民政府通报等，下同）；

（四）其他相关法律、法规、规章等规定的责任追究。

第十三条 对责任人的责任追究方式分为：

（一）责令整改；

（二）警示约谈；

（三）通报批评；

（四）建议调离岗位；

（五）建议降职或降级；

（六）建议开除或解除劳动合同；

（七）其他相关法律、法规、规章等规定的责任追究。

第十四条　根据安全运行问题的数量与类别，按责任追究标准对责任单位和责任人实施责任追究。

责任追究标准见附件3。

第十五条　责任单位或责任人有下列情况之一，从重责任追究：

（一）对危及小型水库安全平稳运行的严重隐患未采取有效措施或措施不当；

（二）造假、隐瞒安全运行问题等恶劣行为；

（三）无特殊情况，安全运行问题未按规定时限完成整改或整改不到位；

（四）一年内，同一直接责任单位被责任追究三次（含）及以上，领导责任单位管辖范围内被责任追究三家次（含）及以上；

（五）其他依法依规应予以从重责任追究的情形。

第十六条　责任单位或责任人有下列情况之一，可予以减轻或免于责任追究：

（一）主动自查自纠安全运行问题；

（二）其他依法依规可予减轻或免于责任追究的情形。

第十七条　由水利部实施水利行业内通报（含）以上的责任追究，将按要求在"中国水利部网站"公示6个月。

第十八条　小型水库工程安全运行问题分类、检查、认定、责任追究和整改等工作的相关要求和程序未在本办法规定的，按照《水利工程运行管理监督检查办法（试行）》有关规定执行。

第十九条　本办法自印发之日起施行。

附件：1. 安全运行管理违规行为分类标准

2. 工程缺陷分类标准

3. 责任追究标准